校企合作双元开发新形态信息化教材

高等职业教育农林牧渔类专业高素质人才培养系列教材

创意农业设计基础

主　编　康国珍　熊丙全　李温喜
副主编　陈海彦　林　乔
编　委　杨　铱　张　颖　董韵雯　陈浩宇
　　　　韩慧丽　李文佳　张　鹏　邱　勇

西南交通大学出版社
·成　都·

图书在版编目（CIP）数据

创意农业设计基础 / 康国珍，熊丙全，李温喜主编. 成都：西南交通大学出版社，2024. 10. -- ISBN 978-7-5774-0196-6

Ⅰ. S

中国国家版本馆 CIP 数据核字第 2024X7P881 号

Chuangyi Nongye Sheji Jichu

创意农业设计基础

主　编 / 康国珍　熊丙全　李温喜

策划编辑 / 郭发仔　罗在伟
责任编辑 / 郭发仔
封面设计 / 吴　兵

西南交通大学出版社出版发行
（四川省成都市金牛区二环路北一段 111 号西南交通大学创新大厦 21 楼　610031）
营销部电话：028-87600564　　028-87600533
网址：http://www.xnjdcbs.com
印刷：四川玖艺呈现印刷有限公司

成品尺寸　185 mm × 260 mm
印张　13.25　　字数　333 千
版次　2024 年 10 月第 1 版　　印次　2024 年 10 月第 1 次

书号　ISBN 978-7-5774-0196-6
定价　48.00 元

课件咨询电话：028-81435775
图书如有印装质量问题　本社负责退换

前言 PREFACE

党的二十大报告强调，全面建设社会主义现代化国家，最艰巨最繁重的任务仍然在农村。坚持农业农村优先发展。坚持城乡融合发展，畅通城乡要素流动。实现乡村振兴，首先要加快发展乡村旅游、生态旅游、民俗文化、休闲观光等乡村特色产业，拓宽农民增收致富渠道，建设宜居宜业和美乡村。同时，为了贯彻落实《国家职业教育改革实施方案》（国发〔2019〕4 号）、《职业院校教材管理办法》（教材〔2019〕3 号）、《关于在院校实施“学历证书+若干职业技能等级书”制度试点方案》（教职成〔2019〕6 号）、《职业教育提质培优行动计划（2020—2023 年）》（教职成司〔2020〕7 号）等文件精神，进一步办好新时代的职业教育，我们组织编写了这本教材，并融入了中华优秀传统文化等思政元素，旨在引导学生钻研专业技能，提升职业素养，弘扬职业精神、工匠精神和劳模精神。

本书是四川省教育厅人文社会科学重点研究基地——统筹城乡教育发展研究中心 2024 年度一般课题科研项目“成渝贵高等设计教育数字化转型助推教育强市建设研究”（课题编号：TCCXJY-2024-B22）的研究成果。

本教材采用模块化项目式编写体例，各项目模块下设计独立、具体的项目任务。各个项目任务根据当前行业中各个工作领域的现实需求设定，选取企业中比较典型的工作内容为训练素材。每个任务按照“案例导学→任务描述→学习目标→任务要求→工作准备→相关知识→任务实施”的逻辑进行内容编排，体现出以下几个方面的特色。

一、真题真做，突出完成项目过程考核

本教材注重内容的丰富性和前沿性，紧密跟踪学科发展的最新动态，将新规范、新知识、新技能等融入其中，并结合企业真实案例和岗位要求整理出六个项目任务。教学内容对接企业真实项目设计标准，教学设计贴近企业工作过程，引导学生在掌握各个项目基本理论知识的基础上，学习对应的思维、程序和方法，并进行真实场景演练。每个项目均设置明确的知识目标、能力目标、素质目标，设有方便学生提前了解本项目的大纲。每个任务设有任务单，学生根据任务单完成训练，教师根据企业项目评价标准和各个具体任务评价表开展过程性考核评价。

二、理实一体，对标行业标准开展教学

教材编写团队针对休闲农业、视觉传达设计等专业群进行了深入的市场调研，对相应工作领域工作岗位的能力要求进行了深入分析，将最新的职业标准、行业标准和岗位规范融入课程，并紧紧围绕岗位的实际工作过程调整课程结构，更新课程教学内容，将专业理论、实践技能、职业素养进行有机结合后融入教材。教材内容根据“岗+课+赛+证”综合育人的育人理念进行设计，将“岗位”“比赛”“证书”要素融入课程，体现理实一体的特点。教材编写以“1+X”职业技能等级标准为基础进行开发，采用项目化教学，对接研学旅行策划与管理（EEPM）、茶艺设计师、花艺设计师、包装设计师等工作岗位标准，将相关企业规章制度，以及花艺设计大赛等比赛的内容、要求融入课程内容，以帮助学生更好地将理论知识应用于实际，在学习的过程中真实掌握企业岗位的核心要求，提高解决实际问题的能力。

三、跨界整合，融入多个领域专业资源

本教材进行了跨学科资源的优化整合，将美学、设计学等不同学科领域的知识进行有机融合，形成完整的知识体系。教材精心筛选资源，涵盖人文、科技等多个方面的专业知识和技能，确保内容的全面性和先进性，有效拓宽学生的知识视野，培养学生的综合思维能力和跨学科创新能力。

四、校企合作，双师团队共同开发教材

本教材由 3 所高校和 3 家企业共同合作完成，其中教授 3 人，副教授 2 人，讲师 4 人，高级工程师 2 人，“双师型”教师占比 80%。校内教师负责教材体系的构建和内容编写，并负责对新技术、新工艺以及新设备内容的审核。企业专业技术人员提供典型工作案例和经验。校企深度合作，共同参与教材的编写，将行业最新的理念、技能等融入教材，增强了学习的时效性和有效性。

五、融入“思政”元素，全员全过程全方位育人

专业课程是高校“课程思政”建设的重要载体，积极响应思想政治教育贯穿人才培养体系的指导精神，将思政教育内容与职业素养有机结合并融入各项目之中，全员、全方位、全过程强化对学生知、行、思、辩等学习能力的培养。培养学生知行合一的品德修养，培养其攻坚克难的奋斗精神，培养其爱国情怀、创新思维、科学精神、工匠精神，使其成为高素质创新型应用型专业人才。

六、图文并茂，引入古今中外优质案例

本教材采用问题导向、任务驱动等多种教学方式，引导和激发读者主动探究、自主学习。为了便于读者理解，本教材在适当的地方插入了很多具有直观性、形象性的经典作品和解释图表等资料，以帮助学生更清晰地把握知识的内在联系和逻辑关系。

本书由康国珍（成都农业科技职业学院）、李温喜（贵州商学院）、熊丙全（成都农业科技职业学院）担任主编，陈海彦（四川商务职业学院）、林乔（四川岚星生态农业旅游发展有限公司）担任副主编。

本教材可作为职业教育休闲农业、视觉传达设计等相关专业的专业基础课程教材，也可供休闲农业、设计领域相关岗位培训参考。

由于编者水平有限，书中难免存在疏漏和不完善之处，恳请读者批评指正。

编　者

2024 年 8 月

目录 CONTENTS

项目一

创意农业设计基础

学习目标

1. 让学生了解美学对专业的重要性，提高学生的艺术鉴赏能力和表达能力。

2. 培养学生树立正确的设计观念，掌握科学的设计方法，培养学生的形象思维能力、动手能力与审美能力。

3. 使学生能够对抽象事物进行深入分析，发现和分析问题，并能够准确找到解决问题的突破口，从而用合理的方法去解决问题。同时，让学生把分析的结果有效转化为形象，将抽象思维与艺术形象融合起来进行设计。

素养目标

1. 提高审美情趣，善于发现生活中美的元素。

2. 把握人生哲理，提高人生境界。

3. 以乡村振兴策略为切入点，学习如何更好地装点乡村，如何运用设计基础知识点亮“美丽乡村”。

4. 以和谐、团结、平等、友善为元素，将美学理论进行视觉呈现和表达，形成视觉形式的装置艺术。

案例导入

一、宗白华——中国美学大师

宗白华（1897—1986 年），生于中国江苏省，中国美学大师。他一生治学严谨，对中西方美学十分精通，不断研究相关艺术理论，是掌握中国古代美学精髓的美学大家。20 世纪 20～40 年代，宗先生在中央大学教书，与北京大学的邓以蛰先生并称“南宗北蛰”，二人与北大西语系朱光潜教授并称“三大美学家”。

宗白华认为，艺术境界由三个方面构成，分别是赤子之心、旷达的胸襟和理性的直觉。但凡在艺术上取得很高境界的人都是至情至性之人，艺术产生的源泉是不可抑制的情绪与情感。他认为胸襟不应为世俗名利所束缚，应淡泊名利、独与天地往来。艺术家要具有独特的眼光，能看到自然人生的表面，也要看到其中的核心。艺术有三重境界，分别是写实境界、传神境界、妙悟境界。写实就是对事物直观感受的描摹，追求形似和逼真。传神贵在以气韵取胜，要表现生命的动态，追求气韵生动。妙悟是指艺术家经过顿悟获取宇宙的真谛，达到物我合一的境界。艺术境界的高低，取决于艺术家的心灵境界以及艺术修养的高低。艺术家想要涵养心灵、升华人格、提升艺术素养，必须亲近自然，以自然造化为师，远离尘世的喧嚣，使心灵得到自由，情感得到陶冶，由此才会产生艺术的灵感，创作有生命力的作品。

二、吴冠中

（一）认识大师

吴冠中（1919—2010 年），江苏宜兴人。1942 年毕业于国立艺术专科学校，1947 年在法国留学，进入巴黎的国立高等美术学院进修学习油画，在杜拜（J. Dupas）工作室学习绘画。1948 年，转入苏佛尔皮（J. M. Souverbie）工作室学习，同时还经常到洛特（A. Lhote）和佛里奇（O. Frlese）的工作室学习。1950 年回国后，他先后任教于中央美术学院、清华大学、北京艺术学院、中央工艺美术学院，曾是中央工艺美术学院教授、中国美术学院客座教授、中国美术家协会常务理事。吴冠中长期从事油画的民族化实践探索，兼取中西绘画之长，力图将欧洲绘画理念、技法与中国的传统艺术精神和审美思想进行融合。其油画风格清新、明快，富有鲜明的民族特色和浓郁的抒情意味。后来，他又专注于中国传统水墨画创新，其水墨画作品注重点、线与墨块交融的韵律感，整体风格介于具象与抽象之间，艺术个性尤为突出，现代气息也十分浓烈。为了提升艺术造诣，吴冠中热衷于从事艺术理论研究，开展了许多艺术评论活动，出版了论著多部。此外，还有多部画集行世。1991 年获得了法国文化部授予的文学艺术最高勋章，还被誉为“影响二十世纪中国美术的艺术家”和“中国的梵高”。他的艺术风格独特而鲜明，对中国的艺术领域产生了极其深远的影响，成为 20 世纪中国绘画艺术不可替代的画家之一。他在艺术方面的美学思想和成就，给国内外学界和艺术圈带来了新的思考和启迪。

（二）作品评述

1983 年，吴冠中创作了一幅以全新面貌且最具现代精神，同时是当时他的绘画作品中影响最大的巨幅彩墨画作品——《狮子林》。该画以东方之韵吞并西方之形色，由充满流动的点、线经过曲折盘旋和横来竖去等方式形成律动的画面，石青、石绿、藤黄、朱砂等色彩宛如五彩斑斓的宝石，伴随着墨点镶嵌在波涛汹涌的银色韵律之中，形成石头、池水、游鱼、树木、亭宇、回廊、小桥，画面既有具象，又有抽象，还有幻象。吴冠中这一画作体现其游目无所不至，清心洁韵无所不包，借助彩墨让一切都巧妙地融入混沌的势象和律动之中，将东方绘画的风骨和神韵体现得淋漓尽致（如图 1-1 所示）。

《荷塘》创作于 1995 年，画面以黑色为主色调，几抹形状各异的明黄、翠绿和娇粉随内心情感零星地点缀于枝叶之间，与水墨荷叶相辅相成，杂而不乱，整个画面层次分明。该画作并不是传统的写实画风，其呈现出来的这些漂亮的亮色也并不是由中国传统国画中的藤黄、胭脂等颜料绘制而成，而是在水墨基底上使用彩墨巧妙地进行点彩、敷色，使呈现出来的画面效果比纯水墨画更加跳跃和明快（如图 1-2 所示）。

图 1-1　吴冠中《狮子林》

图 1-2　吴冠中《荷塘》

任务1　美　学

一、美学基本知识

（一）美学概念

从柏拉图（Plato）两千多年前提出“美到底是什么”的问题开始，哲学与美学家开始不懈地追索“美”。今天，美学研究已经发展成为一种用相对独立的方法去研究人与世界的审美关系的一门学科，其研究的对象是审美活动。审美活动是人的一种以意象世界为对象的人生体验活动，是人类理解与感知外部世界的特殊形式，是人类与世界形成的一种审美主体通过对审美对象的感知、理解和想象等形式呈现出来的精神文化活动。

（二）美的产生

美的根源在于社会实践。德国哲学家格奥尔格·威廉·弗里德里希·黑格尔（Georg Wilhelm Friedrich Hegel）认为“美就是理念的感性显现”。美的事物能引起人们产生喜悦的情感体验，虽然这种体验是一种感性形式，但是产生这种喜悦情感的根源并不在于感性形式本身。因为，要想研究美的本质，就是要真正深入开展探索，探究到底是什么因素决定了这些感性形式，以及到底是以什么方式呈现美的。英国著名学者卡尔·波普尔（Karl Popper）将关于美和美学问题研究的思维模式定义为“本质主义”。

（三）美学的诞生

人类自觉的审美创造是美诞生的标志，美学始于对“美的本质是什么”的追问，美的存在是美学思想诞生的前提，包括客观存在和主观存在的美。从人类早期制作的彩陶等器物的造型及其呈现的纹样就可以看出，人类的审美意识是逐渐觉醒并走向成熟的（如图 1-3、图 1-4 所示）。

图 1-3　鹳鱼石斧图彩陶缸·仰韶文化

图 1-4　涡纹双耳彩陶罐·马家窑文化

美学在美学思想的积累和发展基础上研究美感、人的审美心理等审美活动的规律，到 18 世纪开始成为一门独立的学科。被誉为“美学之父”的德国哲学家、美学家鲍姆嘉（Baumgarten）还提出了“Aesthetics”术语，指出美学实际上是“研究感性知识的科学”“美学的对象就是感性认识的完善”“美学是以一种美的方式去进行思维的艺术，是美的艺术的理论”。古希腊哲学家亚里士多德（Aristotle）则认为美学是一种艺术哲学。

美是客观存在的。从现实美的途径角度讲，美是由适当比例构成的客观事物内在和外在关系的总和（亚里士多德《物理学》）。美的形式标准为“秩序、匀称与明确”（亚里士多德《形而上学》）。艺术师法自然而又高于自然，艺术家需要善于发现美，需要仔细观察、认真分析，进而通过一定的手法把分散的美集中起来，再加以理想化。

美不能定义，只能凭感觉认识。美不是事物本身的属性，只存在于观赏者的心里。每个人的心里都会出现一种不同的美。那么，美学究竟研究什么？目前有三种代表性意见：研究美本身、研究艺术、研究审美经验和审美心理。在当代，一般将美分为自然美、艺术美、形式美、社会美等，国际上的美学研究更倾向于艺术层面。

（四）艺术美

1. 艺术美的本质

艺术的本质是美感。艺术家根据一定的审美理想、审美观念、审美趣味，对客观现实生活之中的自然事物、社会事物等进行观察、筛选、集中、提取、概括、解构、抽象、变形、重构等艺术加工，把所观、所感、所思的内容经过大脑进行重构，借助一定的物质材料和艺术创作技巧，把大脑中形成的审美意象物化出来，最终创作出艺术作品，比现实美更加典型、更加理想，这就是艺术之美的本质。简单地说，艺术美源于现实，其实也就是艺术作品之美，其形式是内涵的外在表现。艺术美是设计美学的基础。

2. 艺术美的特点

艺术美可以突破时间、空间的局限，是艺术形象对客观现实的再现。艺术美具有创造性，是艺术家对客观现实事物的情感和评价的外在表现，是主观性和客观性的统一，是再现与表现的有机统一。

3. 艺术美的价值

与现实美相比较，艺术美是集中的、纯粹的、永久的，能提高人的审美能力，推动社会生活和水平的提高、人类思想意识的发展。

4. 形式美的构成

形式美可分为有秩序的美和打破常规的美两类。在造型艺术中，要遵循一定的美的规律和基本法则，才能在形式上展现美。形式美法则主要有以下五条：① 变化与统一。② 对称与均衡。③ 比例与分割。④ 对比与统一。⑤ 节奏和韵律。

二、农业美学

随着社会的迅速发展，农业环境的生态价值和审美价值越来越受到重视，也得到了美学界的关注。因为农业不只是生产对象，还是人们重要的审美对象，乡村和农业景观往往会给人类带来独特的审美体验，具有独特的审美价值。

（一）农业美学概念

农业美是客观存在的，以农业为载体，普遍存在于农业之中，是农业与美学、艺术的结合。农业美学是研究人类与农业的审美关系，以农业生产中的动物、植物及其赖以生存和发展的土地、田园、水域和环境，整个农村地区的地形、地貌、植被、水体，以及农村的道路、村庄、集市等为物质载体，按照美学规律，运用美学原理对这些构成元素进行合理组合，形成能够满足人民物质生活需求和审美需求的农业景观。农业美是针对农业劳动主体、对象、工具、技能、过程、产品、观念等革命性变革而言的，不是纯粹的艺术美。农业美的目标是建设美学农业，既生产农业物质产品，又生产农业审美产品，通过田园景观化、村庄民俗化、自然生态化，促进农业生产和农村经济发展。

（二）农业美学的主要目标

农业美学的主要目标是实现田园景观化、村庄民俗化、自然生态化。发现农业之美的目的在于创造美，但并不是所有的农业美都可以创造。因此，可以按照美学规律，通过人工创造来营造符合人们审美需求的农业景观。农业生产活动中的农业审美，既具有艺术美的特征，也有自然美的特征，为人们返璞归真的追求提供了机会、条件和场所（如图 1-5、图 1-6 所示）。

图 1-5　农业美

图 1-6　农业生产造型设计美

1. 田园景观化

现代田园不仅要生产粮食、糖料、蔬菜和水果等满足人们物质需求的农业物质产品，还要按照美学规律，将农田、林地与周围的道路、村庄等环境进行整体规划，在种植植物的规格、颜色的搭配、设施的布局等方面去整体规划，使田园可以生产具有美感的产品，如健美的植株和美化的田园环境等，生产具有农业审美价值的产品，营造足以引起人们审美情趣、愉悦人们审美心理、满足人们审美需求的农业景观（如图 1-7 所示）。

图 1-7　农业产品美化田园

（1）天然稻田景观。稻田景观是在传统农业要素的基础上，形成一种具有艺术欣赏价值的美学景观。天然稻田景观包括人类在广袤的平原或在山区进行耕种活动形成的稻田，融合周围的山川河流，形成一幅幅或平坦广阔，或高低起伏、层次分明的稻田美景（如图 1-8 所示）。

图 1-8　天然稻田景观

（2）人造稻田景观。将稻田作为景观元素的一部分，打造出一种有别于其他要素的生态景观，以独特的方式实现农业的可持续发展。比如，通过彩色稻田将中华文化，各族群众对祖国、对家乡、对环境的热爱呈现出来。以稻田为画布，以彩色水稻稻种为画笔，采用创意设计和科学测量定位等方法，通过在稻田中种植不同品种的水稻来作画，让农田变成一幅幅田间巨幅画作，展示农业农村发展的新趋势，即生态化、融合化、数字化、合作化、艺术化。其中，生态化是要留住绿水青山，并转化为金山银山；艺术化则要打造各具特色的现代版“富春山居图”（如图 1-9 所示）。

图 1-9　人造稻田景观

2. 村庄民俗化

村容村貌必须富有地方特色、民俗特色，寓现代理念于民俗文化之中，既实现村容村貌的整治，又使民俗文化得以传承，还使村庄各具特色、千姿百态（如图 1-10、图 1-11 所示）。

图 1-10　战旗村村口标识牌

图 1-11　战旗村民居院墙装饰之美

3. 自然生态化

自然生态化是使农村地区中村庄和田园四周的自然资源得到保护，自然生态环境实现良性循环，并与村庄和田园构成和谐的统一体（如图 1-12、图 1-13、图 1-14、图 1-15、图 1-16、图 1-17 所示）。

图 1-12　初夏稻田俯瞰图

图 1-13　初冬稻田俯瞰图

图 1-14　乡村自然生态美

图 1-15　秋季的乡村稻田

图 1-16　高原的青稞花田

图 1-17　乡村麦田

三、农业美学典型案例

（一）浙江“千万工程”造就万千美丽乡村

浙江“千万工程”（即“千村示范、万村整治”工程）是乡村振兴的重要经验。“千万工程”针对乡村开展了环境革命、数字革命、艺术革命，由表及里、塑形铸魂，推动了农村文明的进步，带来了一系列深刻的巨变。艺术革命用艺术赋能乡村，一村一韵，把乡村建成诗意栖居之地。以乡村艺术革命为例，丽水市莲都区在 2005 年就着手打造艺术小镇、文旅小镇和生活小镇“三合一”的古堰画乡，如今的艺术乡村建设在浙江蓬勃掀起，呈现出“一户一处景，一村一幅画，一线一风光”的现实版“富春山居图”景象（如图 1-18 所示）。

图 1-18　嘉兴市南湖区凤桥镇联丰村的绿道和村落景区（无人机照片）徐昱 摄

1. 新式农村——杭州市富阳区东梓关村杭派民居回迁房改造设计

2013 年，东梓关村被列为“浙江省历史文化古村落保护村”和“杭派民居示范村创建村”。gad 绿城设计的建筑师孟凡浩及其团队承担了对东梓关村核心长塘周边 39 幢古建筑的整治改造，以及对 46 幢杭派民居回迁房进行设计（如图 1-19、图 1-20 所示）。通过对画作的巧妙“转译”，gad 绿城设计团队用现代形式语言重构下的传统元素营造了非常典型的江南村落，使杭派民居回迁房实现了内在和外在的中和——“骨子里的中国”，从而引领人们对传统文化审美的回归。

图 1-19　东梓关村杭派民居回迁房建成后场景之一

图 1-20　东梓关村杭派民居回迁房建成后局部照

2. 原生之美——湖州市德清县低碳理念“森林度假夯土小屋”建筑群

随着现代农业理念的推广，传统的农业种植转变为园林观光、果蔬体验采摘、农事活动体验等，拓展增收空间，做大休闲农业、生态农业、创意农业、休验农业，让“绿水青山”变成“金山银山”，打造美丽家园，带动产业发展，促进农民增收，助力乡村振兴。

莫干山镇庙前村在“裸心谷”打造了约 40 幢夯土小屋（如图 1-21 所示），还建了四个裸心小馆（如图 1-22、图 1-23 所示）。整个建筑群充分利用自然地形地貌，使得每一栋小屋都像是从自然中生长出来的一部分，既体现了对自然的敬畏，又展现了人类智慧。

图 1-21　浙江省湖州市德清县“裸心谷生态度假村”山顶夯土小屋

图 1-22　裸心小馆俯视图

图 1-23　裸心小馆一角

其中，临湖而建且体量最大的一栋是茶艺馆（如图 1-24 所示）。竹艺馆（如图 1-25 所示）

和陶艺馆（如图 1-26 所示）则是为客人提供传统手工艺品体验和制作的场所。裸心小馆的建造充分体现了“取之于土、形之于土、归之于土”的生态循环理念。陶艺馆采用传统夯土墙施工技术。竹艺馆诠释了竹子与泥土两种天然材料的共生关系，营造出一种独特的原始质感。整个项目追求绿色、环保的生活方式，不仅符合时代发展的需求，还体现了人类对美好生活的向往和追求。

图 1-24　茶艺馆局部

图 1-25　竹艺馆小屋内部结构

图 1-26　陶艺馆一角

3. 艺术乡建，助力乡村——10 大美术学院助力乡村振兴打造美丽乡村

从 2019 年开始，浙江杭州桐庐县统一种植水稻、油菜，2000 亩农田景随季移，成为村庄景观的重要组成部分。2021 年 10 月 1 日，“‘浙里富春 那么乡田’ 2021 中国 · 桐庐山水艺术季”在桐庐县桐君街道梅蓉村举行，桐庐联手国内 10 大美术学院雕塑专业团队，共创作了 20 件大地雕塑艺术作品，永久“落户”梅蓉村（如图 1-27、图 1-28 所示）。

清华大学美术学院雕塑系主任董书兵的《连理相依》（如图 1-29 所示）以代表男女性别的两个抽象符号组合构成了一个相互依偎、含情脉脉的小型立体迷宫，让青春的味道在田间地头弥漫，展现了人与自然、人与人之间的和谐关系。《稻香入梦》（如图 1-30 所示）则采用传统搭建手法，以仿竹材料构筑起一组高耸的“竹楼”，伫立在金色的稻田中。

图 1-27　梅蓉村乡村会客厅一角

图 1-28　梅蓉村的稻田与乡村会客厅

图 1-29《连理相依》(创作者：董书兵)

图 1-30《稻香入梦》(创作者：董书兵)

四川美术学院实验艺术学院副院长唐勇紧抓梅蓉村与水相关的属性，既汲取传统文化的精髓，又融入现代艺术的表现手法，创作出了《富春棹歌》(如图 1-31 所示)。用两排长长的船桨，营造了一条跌宕的轨迹，似屋顶，似脊梁，似龙舟，似山岗，桨声、涛声、号子声，共同谱写了一首大气磅礴、激越人心的时代棹歌，展现出了现代雕塑的抽象力量。

西安美术学院雕塑系副教授苗鹏创作的《水畔船影》(如图 1-32 所示)，以江南渔夫为创作原型，运用半透明金属网格型材制作出了《梦境中的渔船》，塑造了一位渔夫泛舟于富春江上的场景：渔船一半"浮现"于富春江景之上，另一半"隐"入水泵房屋之中。作品通过虚实结合的手法，呈现出一种梦幻般的视觉观感，让人仿佛置身于一个超现实的艺术空间中。

图 1-31 《富春棹歌》(创作者：唐勇)

图 1-32 《水畔船影》(创作者：苗鹏)

【任务训练】

一、训练目的

了解美学的基础理论知识。

二、教学方法

1. 学生课前预习。
2. 列举中外著名的美学家，要求每小组简述一位。

项目一任务 1　农业美学典型案例

三、训练内容

收集整理中外美学家及其思想文字资料。

四、训练要求

1. 图片不低于 3 张。
2. 每张图片配文字说明。
3. 形成 PPT 汇报。

任务 2　设计思维方法

一、设计概述

什么是设计？从广义上讲，设计是指设计师有目标、有计划地进行技术性创作与创意的活动。从狭义上讲，设计是通过具有创造性的、专业性的方式创造出可视、可触等物质产品的活动。今天，设计已经融入人类生活的方方面面，无处不在，成为人类活动必不可少的一部分。设计是人类为了追求更美好的物质生活、更高水平的精神生活而进行的实践活动。不同的设计，可以满足人类不同的需求。

设计行为的目的就是解决人类生活和生产中产生的各类问题，以及有意识地对未来进行精神想象与客观追求，是物质性与意识性的综合体现。设计的任务不只是为生活和商业服务，同时也伴有艺术性创作。进行设计活动的最大意义就是平衡人类与世界的各种关系，促使人类与世界平和有序地向前发展，和谐共生。因此，设计是一种智力资源，是一种创造行为，是一种综合性的艺术语言，更是一种文化。

二、思维概述

思维是人所特有的认识能力，是人类心智活动的核心，是人的意识掌握客观事物的高级形式。它可以在感性认识的基础上，通过对语言符号化的材料分析，通过逻辑的推理和证明，得出逻辑的结论；或提出假说，认识单纯感官和直接经验达不到的东西；或者预测事物未来的发展趋势。思维是大脑对客观事物进行间接概括、反映的过程，把人类的实践经验以知识的形态固定下来，用以指导实践，从而让实践活动具有目的性和计划性，并能得到自觉的控制和调节。思维过程包括对信息的获取、处理、分析、推理、判断和转化等多个环节，是一个从具体到抽象、再从抽象到具体的过程，其目的是在思维中再现客观事物的本质，达到对客观事物的具体认识。

设计思维（Design Thinking）不是简单的线性过程，而是一种以人为中心的创新方法。它从设计师的“工具箱”中汲取，以整合人的需要、技术的可能性和商业成功要求的各种思维形式，经历启发、构思、实施三个过程。1987 年，哈佛设计学院院长彼得·罗（Peter Rowe）首次使用“设计思维”这一概念。在他看来，设计通过思维过程才能实现其目的，在很大程度上是对人类想象力的突破，是一种兼具整体性和有机性的过程思维，具有综合性、协同性，具有很强的实践价值。

三、创新思维

（一）创新思维的概念

创新思维是指突破常规的、现成的思维界限，用超出常规甚至反常规的方法、视角去思考问题，寻求对问题全新的、独特性的解答方法的思维过程。思路决定出路，格局决定结局。思维的创新对设计实践能力的培养至关重要。

（二）创新思维的方法

1. 形象思维法

形象思维（Thinking in Images）是人们在认知活动中，运用一定的形象来感知、认知和把握事物，通过具体、感性的形象来认识事物本质规律的一种思维形式，主要有想象和联想两种方法。在艺术创作过程中，艺术家首先是发现、体验生活，然后进行一定的艺术构思，在大脑中对想象的事物进行合适的取舍，最后形成一定的艺术设计意向，并将其物化为艺术形象或艺术情景，这个过程就是创作思维过程。

2. 逻辑思维法

逻辑思维（Logical Thinking）是指人们在认识过程中运用语言符号或借助概念、判断、推理等思维形式，能动地反映客观现实的理性认识过程，又称理论思维。逻辑思维是人脑对客观事物间接概括的反映，是人类创新活动中重要的一种思维方式。它凭借科学的抽象揭示事物的本质，具有自觉性、过程性、间接性和必然性的特点。逻辑思维的基本型式是概念、判断、推理，强调思维的严密性、连贯性和合理性。逻辑思维方法主要有归纳和演绎、分析和综合、对比和求同存异、因果分析以及从具体上升到抽象等。

3. 发散思维法

发散思维（Divergent Thinking）又称辐射思维、放射思维、扩散思维、多向思维，是指大脑从一个思维点出发，沿着不同的途径、不同的角度，朝着四面八方去拓展思维视野，是寻找更多可能选项的过程。发散思维具有流畅性、变通性、多感官性、独特性，呈多维发散状，以寻找多元化的答案，如一题多解、一事多写、一物多用等方式均是发散思维。运用发散思维时，可以从材料、功能、结构、形态、组合、方法、因果、关系等方面开展。

4. 逆向思维法

逆向思维（Reversed Thinking）是一种科学有效的思维方式，又叫求异思维，是打破习惯、突破常规，对早已司空见惯事物的既有认识或现存秩序的反向思考，从思考对象的对立面去寻找解决问题的方法。美国投资顾问汉弗莱·尼尔（Humphrey B. Neill）和哈佛大学艾伯特·罗森（Albert Rosen）教授共同提出了“站在对立面进行思考”的思考方法。

逆向思维就是要敢于“反其道而思之”，具有普遍性、批判性和新颖性，比较有效的方法就是——否定。为了摆脱“从众心理”，从逆向的、非常规的角度去看待问题，找到解决问题的新视角。让思维向对立面的方向发展，从问题的相反面深入地进行探索，树立新思想，创立新形象。在思考问题或设计过程中，要明确并不存在一条明显的正确的思路，面对客观事物要经常从相反的方向思考，这样才能改变常规的心理定式，才能产生新的创意。进行逆向思考时，大家可以用反转型、转换型、缺点逆用型等逆向思维方式，从对象的形态、功能、结构、状态、因果关系等方面进行考虑。

5. 横向思维法

横向思维（Lateral Thinking）是由英国剑桥大学爱德华·德·波诺（Edward de Bono）教授针对纵向思维（逻辑思维）方法提出的，就是从已有的信息中产生新的信息，并从不同角度、不同方向进行思考。横向思维是一种打破逻辑局限、将思维往更宽广领域拓展的前进式思考模式。其特点是不限制任何范畴，以偶然性概念来逃离逻辑思维，从而创造出更多匪夷所思的新想法、新观点、新事物的一种创造性思维，也被称为“在盒子外的思考”。

横向思维是沿着多条“思维线”向四面八方发散，既可以不用设定特定的方向，也可以没有特定的范围，需要有效地扩展思维的空间，考虑多种可能性。因此，横向思维是一种非逻辑思维，也被形象地叫作“思维发散”。在提倡创新创意的今天，增强非逻辑思维的训练有助于创新思维的培养。以“筷子的用途”发散为例，提出当作尺子、开瓶器、门的插销等，可以认为具有“变通性”；而提出可以削尖做成钉子使用、雕刻工艺品，就具有“独特性”。

6. 非文字思维法

非文字思维（Non-verbal Thinking）不是使用传统的文字和数字，而是采用图形图像来进行思考和想象，用图像来进行描述，这种方式可以有效地促进人们对视觉画面的回忆（包括影视画面）。非文字思考有助于产生不同概念的可能性，因为用非文字思维方式进行思考时，不同的人对同一问题会有多种不同的答案，尤其是针对很难用文字来描述的问题。比如，大家做创意设计的时候都在追求设计要具备“画面感”。如果需要获得更多、更好的创意，就需要设计者进行更多的非文字思维设计表现。寻找尽可能多的可能性是创造性思维的重要特征。

7. 类比思维法

1944 年，美国麻省理工学院的戈登教授（W. J. Gordon）提出了利用“异质同化”和“同质异化”两种思维工具来进行思考的方式，这种主要采用外部事物来启发思考的方法就是类比法（Analogy）。类比思维就是根据两个对象或两类事物在某一方面具备有相同或者相似的性质，从而推断出两者在其他性质上也有可能会出现相同或者相似之处的一种推理形式。类比的出发点是对象之间的相似性，而类比的相似对象是多种多样的，可以是同类别的，也可以是不同类别的，可以通过形式、功能、原理等几种类比思维方法，从人格性、直接性、想象性、象征性等几种模拟方式进行类比。

8. 头脑风暴法

头脑风暴法（Brainstorming Technique）在于通过一定数量的团队合作活动，有效突破由独立个体单独思考的局限，通过营造良好、热情的交流氛围，增强个体的竞争意识，提高个体的求胜欲望、创造欲望，发挥团队成员的联想反应，激发集体智慧，提出创新设想，真正为解决某个问题而集思广益，获得更多的解决方案，从而最终选择更好的解决方案。在头脑风暴开展过程中，小组成员要把握好四个原则：畅所欲言、延迟评判、追求数量、引申综合，真正“让头脑卷起风暴，在智力中开展创造”。

9. 直觉思维法

直觉思维（Intuitive Thinking），是指不受某种固定的逻辑规则约束，对一个问题未经逐步分析，仅依据内因的感知快速洞察事物，并迅速地对问题答案作出判断、猜想、设想的一种思维形式；或者在对疑难百思不得其解时，突然对问题有突发“灵感”和直接“顿悟”，甚至对未来事物的结果有“预感”“预言”，并提出新的观点和解决方案等。这些都是直觉思维，其基本内容包括直觉的判断和直觉的想象。

直觉思维具有自由性、灵活性、迅捷性、自发性、偶然性、非理性等特点。直觉在创造和创新活动中有非常积极的作用，其功能主要体现在三个方面：帮助人们迅速作出优化选择；帮助人们作出创造性的预见；帮助人们提出新的想法。毕达哥拉斯（Pythagoras）认为“直觉高于观察”，柏拉图（Plato）则提出“理念的直观是直接知识的形式”，爱因斯坦（Albert Einsten）指出，直觉是创造中真正可贵的因素。因此，要想有更多的创新，就需要提高直觉思维能力，不但要加强基础知识的积累，还要重视直觉、敢于猜想、勤于观察、勇于探索，充分发挥直觉的作用。

10. 批判思维法

批判思维（Critical Thinking）是指在全方位思考的基础上做出独立判断，在逻辑论证的基础上提出观点，而非立场。思考能力是一个人最富有价值的资产，批判性思维是通往真相的有力途径。2016 年 9 月 14 日，《中国学生发展核心素养》总体框架正式发布，六大核心素养中的“文化基础——科学精神”中就包含“批判质疑”素养，重点是：具有问题意识；能独立思考、独立判断；思维缜密，能多角度、辩证地分析问题，做出选择和决定等。

11. 灵感思维法

灵感思维法（Intuitive Thinking）的灵感来自信息的诱导、经验的积累、联想的升华、事业心的催化。钱学森先生说：“如果把非逻辑思维视为形象思维，那么灵感思维就是顿悟思维，实际上是形象思维的特例。灵感的出现常常带给人们渴望已久的智慧之光。”引发灵感常用的基本方法有观察分析、启发联想、实践激发、激情冲动、判断推理。

12. 换位思维法

换位思维（Empathy Thinking）是站在别人的角度去思考问题，即用“同理心”方式去进行思考与应对问题的一种思维方式。

13. 创造性思维法

创造性思维（Creative Thinking）是一种具有开创意义的思维活动，强调突破传统思维模式，通过新颖、独特的方式去解决问题和创造新价值，即开拓人类认识新领域、开创人类认识新成果的思维活动。创造性思维是以感知、记忆、思考、联想、理解等能力为基础，以创新思维为核心，从多元视觉看问题，以联想思维促创新，用发散思维求多样，打破常规寻突破等方式进行思考，具有综合性、探索性和求新性的高级心理活动，需要人们付出大量的、艰苦的脑力劳动。一项创造性思维的成果产出，其背后往往要经过人们长期的探索、刻苦的钻研，甚至无数次挫折、失败。创造性思维能力也要经过长期的知识积累、素质磨砺，加上不断地应对挑战，从而发现新的机遇，为创新和发展注入源源不断的动力。

四、农业创意设计思维案例

（一）“艺术”遇上乡村——嘉兴市桐乡乌镇横港村

浙江省嘉兴市桐乡乌镇横港村在政府、企业、艺术家、村民等多方的共同参与和协作下，曾经“鸭棚连片、污水横流、臭气熏天”、村民怨声载道的“养鸭村”发生了蝶变，华丽转身变为“艺术村”。通过系列措施打造了丑小鸭驿站、莫奈花园、横港书院、庭院式乡居民宿……举办乡村音乐节、乡村农事等体验活动，相关设计成果在这里得到了转化与落地，促进了乡村文创项目的孵化。该村现已形成了以“艺术”为核心，通过“文化艺术 + 乡村建筑”美化乡村旅游物理环境，结合“文化艺术 + 乡村元素”形成“艺术 + 亲子、艺术 + 农业、艺术 + 花园、艺术 + 乡居、艺术 + 文创”的产业特色文旅发展模式，使乡村依托艺术化的建筑风貌“靓起来”，使乡村依托艺术化的项目活动“活起来”，曾经“臭名远扬”的村庄“名扬四海”，实现了“变废为宝”（如图 1-33、图 1-34、图 1-35、图 1-36、图 1-37、图 1-38 所示）。

图 1-33　乌镇横港村标识牌

图 1-34　横港村悦公社标识牌

图 1-35　乌镇横港村实景

图 1-36　乌镇横港村丑小鸭驿站一角

图 1-37　乌镇横港村丑小鸭驿站一角

图 1-38　乌镇横港村丑小鸭驿站一角

（二）稻田文化艺术——回归田野的新艺术

稻田文化艺术节巧妙地将地域文化、艺术与娱乐有机融合，让稻田的文化（艺术）属性得到充分发挥。例如，稻田展览、稻田音乐节、稻草 DIY 制作、国际稻米节等。这种产旅融合模式，既发展了经济，又传播了文化，寓教于乐。

1. 稻田绘画

稻田绘画有助于探索产业融合之道，塑造“乡土田园之美”，深耕乡村产业升级、美丽乡村建设、农文旅融合等领域，传播世界乡村发展新思维、新理念、新模式（如图 1-39 所示）。

图 1-39　稻田彩绘

2. 秸秆艺术

设计师将自然形态的创意思维融入设计之中，利用创意思维，结合自然原则和形式美法则，设计出多样的造型，合理组合功能，以提高农业景观的功能性、美观性等（如图 1-40 所示）。

图 1-40　成都大邑“稻香渔歌”的稻草艺术造型

3. 稻田野营

随着城市化进程的加速，人们对美好自然环境的向往日益强烈，稻田露营项目应运而生，如梯田耕田节、稻田水牛比赛、稻田插秧比赛、市民稻田等（如图 1-41 所示）。

图 1-41　浙江省诸暨市枫桥镇杜黄新村废弃矿山改造的露营旅游地（无人机照片）　新华社

【任务训练】

一、训练目的

本任务研究设计思维方法，训练学生的创新设计思维。

二、教学方法

1. 学生课前预习，并准备课堂所需要的绘图工具。
2. 分小组进行头脑风暴讨论，优化成果。

3. 分小组汇报创意亮点及设计思路。

4. 学生互评作品。

三、训练内容

1. 任务主题：垃圾处理——可持续性设计。

2. 任务说明：可以采用多种思维方法进行思考，化腐朽为神奇，利用垃圾的某种特性“变废为宝”。

四、训练要求

请大家用思维导图的方式呈现垃圾的再利用与再设计过程。

项目一任务 2　农业创意设计思维案例

项目二

图案创意设计

学习目标

1. 对美的形式规律进行抽象概括，了解美的法则在设计作品中的运用规律。

2. 研究平面构成中点、线、面三大造型元素，基本型与骨格。通过对设计师作品的解读及项目训练，在理解造型元素概念理解的基础上，充分利用不同表现手法对不同形态的基本元素进行多样组合。

3. 研究平面构成中多种组织形式的规律，充分利用不同表现手法进行不同形式的设计表达。

素养目标

1. 通过构成作品专业训练，发现生活中的艺术形象，挖掘更多创作元素。

2. 通过构成作品专业训练，解构生活中的基本造型元素，发掘生活中不同事物的情趣与魅力。

3. 通过构成作品专业训练，发现形态变化中的视觉规律与美感。

4. 在教学过程中贯穿马克思主义世界观，引导学生通过专业知识服务群众，回馈社会。

5. 通过传统节日、文化等主题训练，引导学生学习并热爱中国优秀传统文化，弘扬中国精神。

6. 在教学过程中帮助学生树立正确的世界观、人生观、价值观、审美观，引导学生秉承优秀的传统道德与品格。

案例导入

一、靳埭强

（一）认识设计师

靳埭强于 1942 年出生于广东番禺，知名国际平面设计大师，现为靳刘高设计公司创始人，兼任香港美术家协会理事会副主席、比利时国际商标中心荣誉大使、香港艺术馆荣誉顾问、香港艺术发展局委员等。其作品被德国、丹麦、法国、日本等多个国家和地区的美术博物馆收藏，获得过300多个设计类的奖项，其中很多是国际平面设计界一流大奖。因对设计界有杰出贡献，靳埭强分别于1999年和2010年被香港特别行政区颁授铜紫荆星章勋衔和银紫荆星章勋衔。

（二）作品评述

靳埭强的许多作品中都会出现一个朱红而鲜亮的红点，红点也成为靳埭强鲜明个人风格的体现。靳埭强说："红点是我在20世纪80年代开始使用的一个视觉元素，也是精神元素，它可以融汇我的设计意念，有生命地传递丰富的讯息。"靳埭强执着地追求艺术蕴含的精神，以红点元素作为视觉焦点进行艺术创作，有的象征和煦的阳光，有的描述大自然的伤痕，有的代表母亲的乳房，有的直击人的心灵，还有的代表一种警醒、沟通的情绪（如图2-1、图2-2、图2-3所示）。靳埭强这一类型的海报作品，很好地将中国传统水墨画中比较典型的构图方法——"留白"，以及"写意"等常见的手法应用到设计之中。大面积的留白使画面中的红点更为突出，形成视觉的焦点和画面视觉元素的重点。

图2-1 《水墨画展》海报

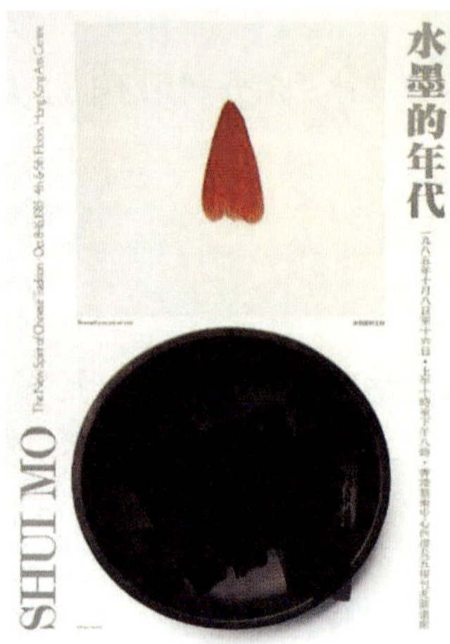

图2-2 《水墨的年代》海报

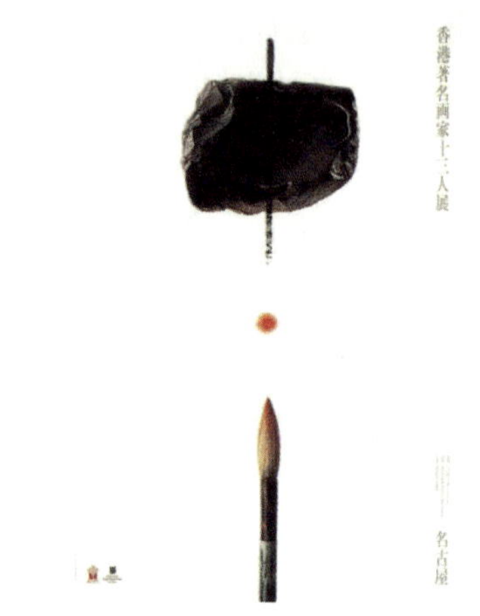

图2-3 《香港著名画家十三人展》海报

二、蔡仕伟

（一）认识设计师

蔡仕伟于1971年出生于中国台湾，1992年至今在北京工作，是平面设计师、独立出版人，汕头大学长江艺术与设计学院副教授、硕导，美国AIGA会员，纽约ONE CLUB、ADC、TDC会员，英国D&AD会员，深圳SGDA会员。2001至2006年受邀于中央美术学院、北京服装学院、清华美术学院、中国美术学院以及天津商业大学宝德学院等院校授课。他的作品至今已获得150余项广告和设计奖项，涵盖全球各地重要的设计竞赛与海报展，多个作品被全球众多国家博物馆、文化与艺术机构收藏。他还曾荣获纽约ONE SHOW设计奖之金铅笔奖，是全球第一位获此殊荣的华人设计师。

（二）作品评述

2003 年，蔡仕伟为自己公司设计宣传海报（如图 2-4 所示），目的是通过作品传达中西方的文化理念。蔡仕伟用可口可乐、刺绣等“点”的形象代表东西方的元素，东方和西方的元素在画面中交错、交叠，在整体上形成太极样式，暗示东西方文化的融合并存，通过简单的结合来表现传统文化的内涵。

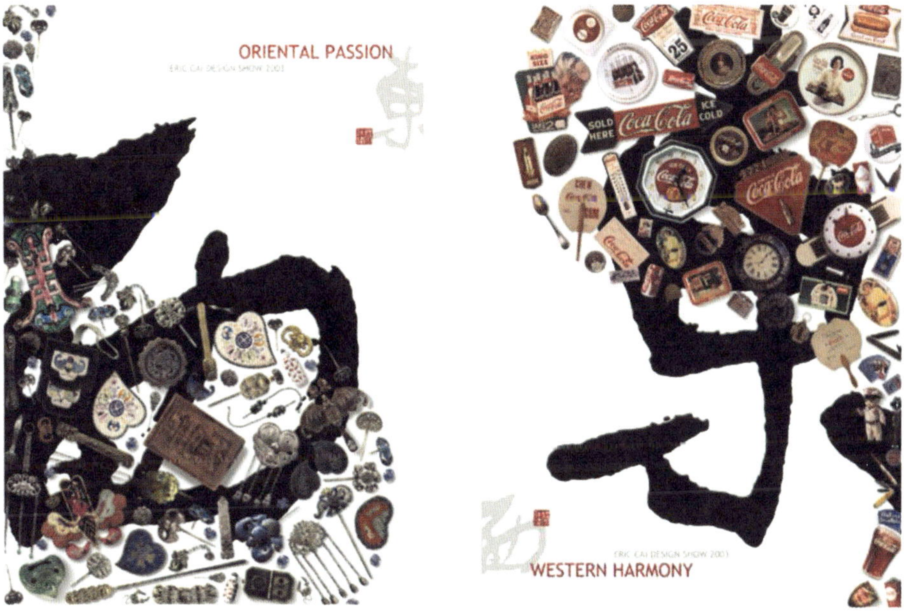

图 2-4 《东方，西方》海报

任务 1　图案创意设计基本认知

一、平面构成概念

（一）平　面

平面二维空间表现，主要解决长、宽两度空间的造型问题。

（二）构　成

构成有“组装、构造、建造、组合”的意思，是创造形态的方法。设计学上的构成是指按照美的形式法则，把设计中所需的各个要素进行“重组”，形成一个能满足需要的新图形。构成必须要有构成的基本元素，有一定的技术作为支撑，并围绕某种目的开展。简单地说，构成是一种造型概念，研究如何创造形象。

（三）平面构成

平面构成是在长、宽两个维度的平面空间范围内，利用轮廓线等来划分图和底的界线，从而创造出理想的视觉构成形态；或将点、线、面等形态要素按照一定的形式法则，用分解、排列、组合等方式进行组装，形成能满足需求的新图形。平面构成是逻辑思维与形象思维相结合的一种构思方法，是一种思维方式。

（1）从设计领域理解，平面构成就是对在二维平面上的视觉造型要素进行提取与组合。

（2）从造型角度理解，平面构成就是美的关系的形成，也被称为构成设计或构成艺术。

（3）平面构成不是表现具体的物象特征，反映的是自然现象运动变化的规律。

二、平面构成的发展

“平面构成”一词作为造型概念来源于 19 世纪初发生在俄国的前卫艺术运动和构成主义运动，是现代设计基础的重要组成部分。1919 年，德国著名建筑大师、设计理论家沃尔特·格罗佩斯（Walter Gropius）在德国魏玛市创办“国家包豪斯学院”（Bauhans），学院开设的一门叫作 Gostaitung（日语译作“构成”，即包豪斯构成）的设计基础课与平面构成的发展有直接且密切的关系，其研究的范围是造型和色彩基础知识。包豪斯经过一系列课程和教学改革，在基础课程教学实验中将当时各种前卫艺术运动的成果和设计艺术精神融入课程，一反以往艺术设计中的自然形态、几何形态，使艺术设计脱离传统的“纯粹艺术”与“传统装饰方法”。平面构成在设计运动中得到了不断发展，形成了一套比较完整的现代设计基础训练教学体系。

包豪斯成为现代设计教育发展的里程碑，其教育体系影响了全世界的设计教育。19 世纪中期，包豪斯的设计艺术及其体系对世界各国的设计和工业领域产生了较大的影响，随后传入东方。日本将其应用到工业设计之中，并对“构成”中原来的造型、色彩进行了分解，形成了由平面构成、色彩构成、立体构成三门既连贯又各自独立的专业课程。20 世纪 70 年代末期，构成艺术由中国香港传入内地，80 年代被国内部分高等美术学院接受，包豪斯的设计思想和新的设计教育体系也得到了国内教育的充分肯定。平面构成、色彩构成、立体构成随即被列为专业必修基础课，打破了我国传统的图案设计方法，在设计及形象思维方法等方面产生新的波动，给设计形式带来了新的生机（如图 2-5 所示）。

三、平面构成的形式美法则

早在古希腊时期，亚里士多德（如图 2-6 所示）就提出“美的主要形式——秩序、匀称与明确。一个美的事物它的各部分应有一定的安排，而且它的体积也应有一定的大小，因为美要依靠体积与安排，美必须具有特定的感性形式，并努力在客观事物中去发现它们。”平面构成以形式美为主要表现方式，形式美主要依赖视觉感受经验，是每一个人追求的精神享受。

图 2-5　包豪斯设计学院

图 2-6　亚里士多德

形式美法则是人类在长期的生产、生活和艺术实践活动中对美好事物的形式规律的经验总结和抽象概括，是客观事物和艺术形象在形式上的美的表现，主要包括多样与统一、对比与调和、节奏与韵律、对称与均衡、分割与比例。研究和探索形式美法则，能够培养人们对形式美的敏感度，指导人们更好地去创造美的事物。平面构成中的形式美法则是在进行创造性艺术造型活动时必须遵守的原则。

（一）对称与平衡

1. 对　称

对图形或物体上下、左右、倾斜等对折后，其在形状、大小或排列上基本上实现重叠或均等的对应关系，被称为对称。它们是等形等量的配置关系，最容易得到统一，是具有良好稳定感的基本型式。在设计中常用的三种对称方式为左右、上下与放射形对称。左右、上下的对称方式是把物体的中心线当作对称轴。

（1）轴对称。以轴为中心，通过左右、上下、倾斜对折后实现等形的对称图形（如图 2-7 所示）。

（2）中心对称。对称点处于中心的就称为中心对称（如图 2-8 所示）。

（3）旋转对称。一个图形按照相同的角度进行旋转，得到成为放射状的图形，称为旋转对称（如图 2-9 所示）。

（4）移动对称。这是一种图形变换的方式，即相同的基本图形等视觉元素按照一定的距离或按某种一定的规则平行移动得到一个新的图形，这种对称称为移动对称（如图 2-10 所示）。

（5）扩大对称。图形不仅仅是简单地进行平移或旋转，而是在保持原有对称的基础上按照一定的尺寸或比例放大，从而创造出更为多样化和丰富的视觉效果，这种对称方式称为扩大对称（如图 2-11 所示）。

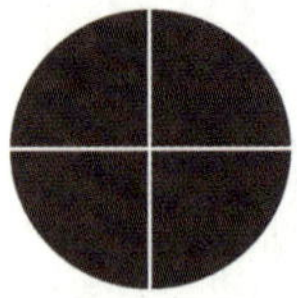

图 2-7　轴对称

图 2-8　中心对称

图 2-9　旋转对称

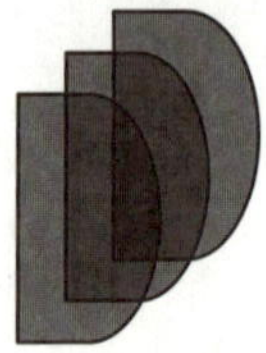

图 2-10　移动对称

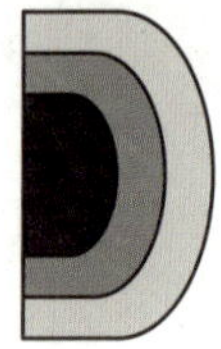

图 2-11　扩大对称

2. 平　衡

平衡是一种心理上的感受，是通过适当的组合使画面呈现出“稳”的感觉（如图 2-12、图 2-13 所示）。

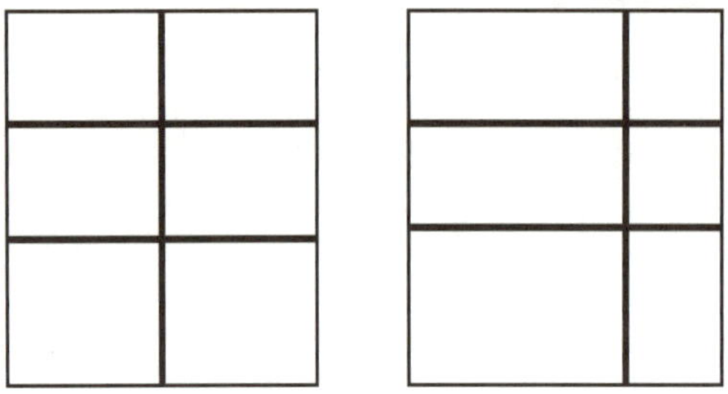

图 2-12　平衡的形式

图 2-13　蒙德里安作品《红、黄、蓝》

（二）对比与调和

1. 对　比

对比是指将两个或两个以上在质和量两个方面存在鲜明差异的对象同时摆放在一起进行相互比较，从而产生强烈的视觉冲击效果。

（1）对比的类型：大小对比、曲直对比、水平倾斜对比、垂直对比、疏密对比、方向对比、虚实对比、肌理对比等。

（2）对比的作用：在构成设计中运用对比手法可以寻求变化和丰富画面，同时强调差异的效果。

2. 调　和

调和是指在进行平面构成设计过程中，两个或两个以上的构成要素之间出现的差异较大时，人为有意识地进行合理调配，利用另外的构成要素使整体变得协调。

（1）同种元素的组合。如同为三角形的元素，同样大小、同样材质的三角形组合更容易组合成调和的视觉效果。但这种组合比较简单，容易显得单调和普通。而不同数量、不同大小、不同材质的三角形进行合理组合，可以得到调和的视觉效果，相对更容易创造更好的视觉效果。

（2）类似元素的组合。形状、质地、大小等方面类似的元素进行组合，容易得到调和的视觉效果。

（3）不同元素的组合。不同形、不同质的元素组合在一起时，就会产生强烈的对比，出现不调和的状况。

（三）节奏与韵律

节奏和韵律是一种心理感受和视觉效果。在音乐中是指音乐节拍，不同的音乐会产生不同的音乐节奏。在构成设计中，节奏和韵律就是层次的变化，可以丰富视觉效果。

（四）统　一

统一指让不同性质的要素之间产生一定的关联，形成具有一定秩序、达到整体和谐的视觉美感。统一和变化总是同时存在的，变化就是区别。统一是对近似效果的强调，要求在整体上实现多样统一、局部服从整体。

1. 接近的原理

各种接近的物体或要素相结合，或距离接近时，更容易被视为一个整体，从而实现统一。接近的原理有助于组织元素、建立层次和强化关联，如形体的大小类同、色彩的接近、肌理造型特性的接近，都容易得到统一。

2. 连续的原理

把各种不同的形态和各种不同色彩的物体，用一根直线、曲线或者折线不断地连接起来，既在物理上实现连接，也在视觉上实现连接，使连接的双方能形成一个整体，得到统一。连续的原理有助于创造连贯和富有动感的视觉效果。

3. 闭合的原理

将同一个造型要素的形态，隔开一定的距离相互向内侧闭合，从视觉、心理上得到的是另外一个新的、整体的、统一的形态，原来闭合前的单一造型要素则被忽视。

（五）比　例

比例是指事物在构成形式中，在整体与局部、局部与局部之间存在大小、高低、长短等一定的数量关系，彼此之间同时包含均衡性、对比性，需要经过合适的组合，才可以呈现出和谐、适当的搭配表现。比例是相对的，不是绝对的。比较典型的有黄金比、整数比、相加数列比（斐波那契数列）、等差数列比、等比数列比。

最早提出黄金分割法的是古希腊数学家欧几里德（Euclid）的《几何原本》一书，分割比值约为 0.618。古希腊数学家毕达哥拉斯（Pythagoras）在约公元前 6 世纪发现正五角星构图中的和谐比例，后被称作黄金分割，其比值是 1∶1.618，也被称为“黄金比”。设计构图时，形成这两种分割比例，更符合大众的审美心理。因此，黄金分割在艺术发展史上及设计领域产生了巨大的影响，如今仍然在广泛应用。

四、农业中的形式美法则

农业景观中的形式美法则主要体现在线条、色彩、形态这三个要素上，这些要素共同构成了农业文化遗产景观的形式美。其基础源自景观的物质实体，但要成为审美对象，必须实现景观与自然环境的协调，也无法脱离主体的文化心理与审美经验。

1. 线　条

农业景观中的线条美主要体现在梯田景观上，梯田的线条不仅优美、壮美，而且通过刺激视觉、听觉感官形成美的感受，对人的精神境界与心理状态产生积极的影响。

2. 色　彩

色彩是构成农业景观形式美的另一个重要因素。农业景观中的色彩，如梯田的绿色，以及季节变化产生的色彩，都能给人带来美的享受。

3. 形　态

形态美也是农业景观中不可或缺的部分。农业景观的形态美不仅体现在单个元素的形态上，还体现在这些元素在空间上的排列和组合方面。

形式美法则在农业设计中的应用，体现了人类对美的形式规律的经验总结和抽象概括。这些形式美法则的应用不仅提升了农业景观的审美价值，还丰富了人们的视觉体验，使农业不仅成为生产粮食等物质产品的产业，而且成为生产和提供审美产品的产业（如图 2-14、图 2-15 所示）。

图 2-14　乡村梯田、耕地中的形式美

图 2-15　乡村草地中的形式美

【任务训练】

1. 训练目的

通过教学活动，让学生了解平面构成中的形式法则，掌握形式法则的常用手法。在构成训练中，应根据图像的形状、大小、轻重、色彩、材质，判断不同形式的设计结构。

2. 教学方法

（1）课前准备铜版纸、黑色卡纸、铅笔、针管笔（绘图笔）等工具。

（2）教师以设计师作品为切入点，讲解形式法则在设计案例中的运用，引导学生在生活中发现亮点。

3. 训练内容

以个人为单位，以形式美法则构成训练作品。

项目二任务 1　农业中的形式美法则

4. 训练要求

（1）构成元素不限，使用单色上色。

（2）设计符合主题有创意。

（3）作品尺寸为 12 cm × 12 cm。

（4）作品完成后装裱于 4 开黑色卡纸上。

任务 2　平面要素设计

平面要素有点、线、面三要素。点、线、面是一切造型要素中最基本的元素，存在于任何造型设计之中，是平面构成中研究形与形之间组合关系和组合方式最主要的内容，是研究构成原则的起点。

一、点

（一）点的概念

在《辞海》中，“点”是指细小的痕迹。

（1）在几何学上，点是表示空间位置的视觉单位，是一条线的开始或终结，是直线相交的结果，没有方向，没有长度、宽度，没有大小面积变化，只有位置（如图 2-16 所示）。

（2）在造型上，点是具有空间位置，并具备大小、面积、形态、浓淡甚至方向等性质的单位，是造型艺术中最小的构成单位，越小的点作为点的感觉越强烈。点也是以形象存在的，无论点多小，都会有自己的形象（如图 2-17 所示）。

点具有相对性。某个形象是否为“点”，主要根据它在环境中所占的比例或位置来判定。

图 2-16　在几何学上的点

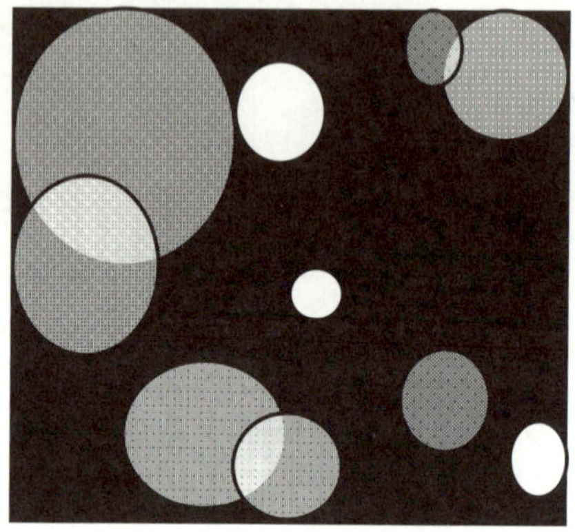

图 2-17　在造型上的点

（二）点的本质

点的本质是最简洁的形，点在时间上是最短的形，点是一切形态的基础。

（三）点的形态

点是一种可以被视觉感知的“实点”形态，常被视为一种比较小的且圆形的形态。但实际上点的形式是多种多样的，可以是任意一种形状。瓦西里・康定斯基（Wassily Kandinsky）说：“点是可以具有无穷多的形状的，只要其足够小就可以。”在自然界中，任何形态在缩小到一定程度的时候都能形成不同形态的点。如圆形、方形、三角形、不规则形等（如图 2-18、图 2-19 所示）。

图 2-18　点的类型

图 2-19　自然形态中的点（康国珍 摄）

（四）点的视觉心理特征

在视觉心理上，点是力量的中心，在画面中位置不同的点所产生的视觉效果不同。

（1）居中时，会有平静、集中感（如图 2-20 所示）。

（2）偏视觉中心之上时，会有向上抬升的不稳定感，同时点会形成自上而下的下落感（如图 2-21 所示）。

（3）偏视觉中心之下时，画面会产生相对安定的感觉，但容易被人们忽略（如图 2-22 所示）。

（4）位于画面三分之二偏上的位置时，最易吸引人们的观察力和注意力（如图 2-23 所示）。

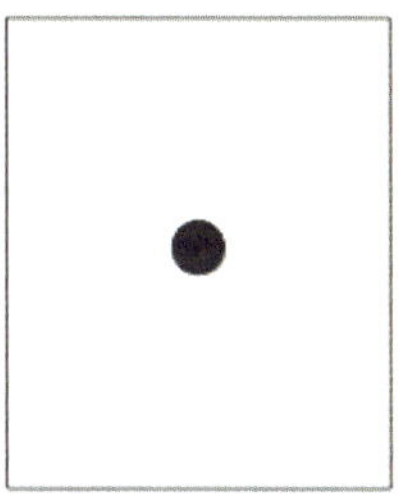

图 2-20　平静集中感

图 2-21　不稳定感

图 2-22　安定感

图 2-23　吸引观察力注意力

（5）点的多种表现（如表 2-1 所示）。

表 2-1　点的多种表现

画面中有两个相同的点时，人的视觉心理感受上会产生一条连接两个点的直线效果。两个点的位置比较接近时，会表现出相互吸引的张力；当位置相隔较远时，会表现出相互排斥的张力	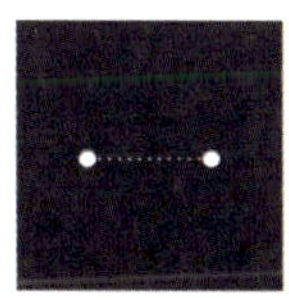
画面中有三个向三个方向散开的点时，人的视觉心理感觉则表现如右图所示：三个点两两相连，共同组成一个三角形	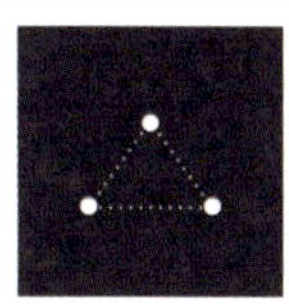

续表

画面中出现三个以上不规则随意排列的点时，整个画面就会显得比较凌乱，容易让人出现烦躁的心理感觉	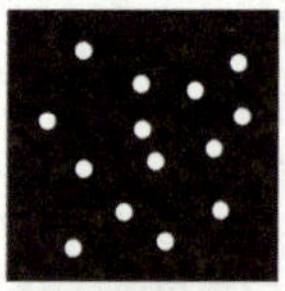
画面中出现若干大小相同且按一定规律排列的点时，画面就会显得比较平稳、安静，并产生面（点的面化）的感觉	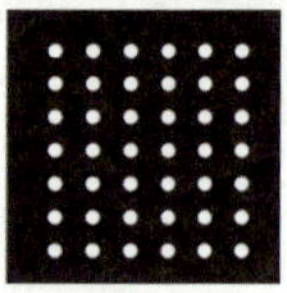

（6）点的错觉。由于点所处的位置、色彩、环境不同，点的视觉形象也会发生不同的变化，会产生远近、大小、虚实、空间等感觉，这种视觉效果往往与客观事实不一致的现象叫错视。靠近两线夹角之间的点，看起来比远离夹角的点要大些（如图 2-24 所示）。用小圆包起来的黑点看起来比用大圆包起来的黑点要大（如图 2-25 所示）。

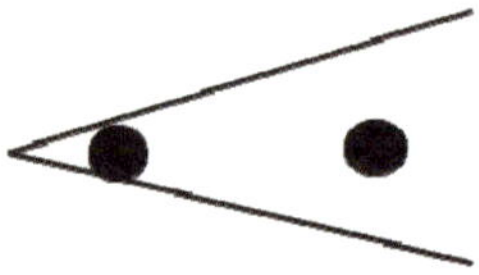

图 2-24　点的错觉（一）

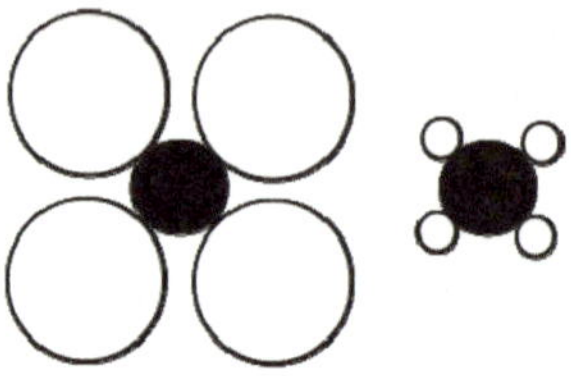

图 2-25　点的错觉（二）

（五）点的构成方法

如图 2-26、图 2-27、图 2-28 所示。

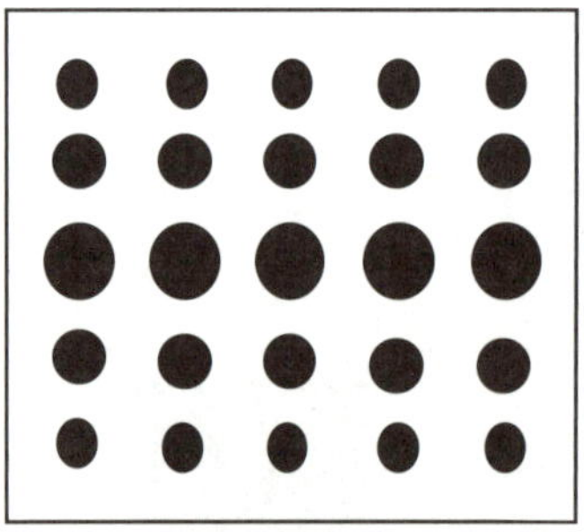

图 2-26　面化的点

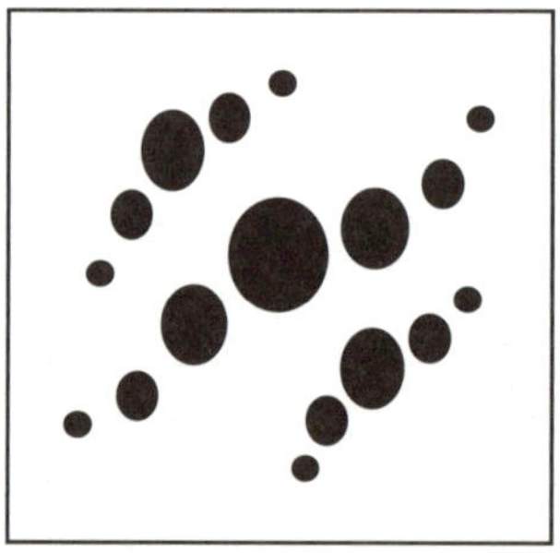

图 2-27　线化的点

图 2-28　自由的点

（六）点构成作品赏析

如图 2-29、图 2-30、图 2-31、图 2-32、图 2-33、图 2-34 所示。

图 2-29　作者：陈琦乐
（指导：康国珍）

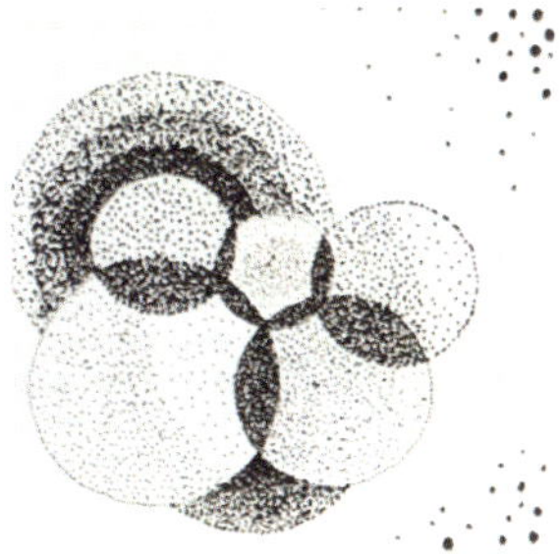

图 2-30　作者：邓钰楠
（指导：康国珍）

图 2-31　作者：郭思宇
（指导：康国珍）

图 2-32　作者：马婷
（指导：康国珍）

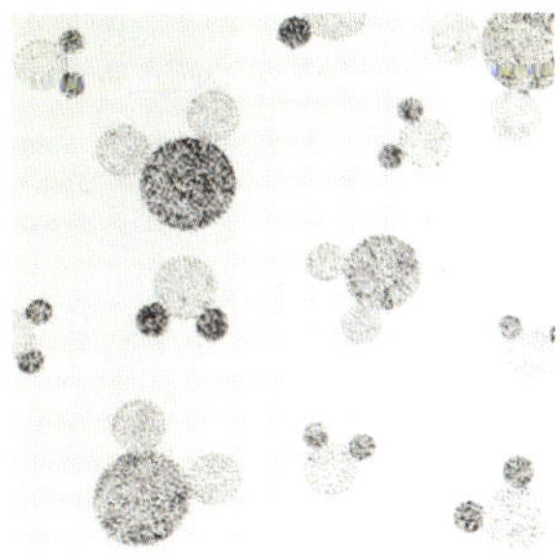

图 2-33　作者：许洁
（指导：康国珍）

图 2-34　作者：唐佳静
（指导：康国珍）

二、线

（一）线的定义

线是改变点的静止状态，由点连续运动的轨迹所形成的图形，是设计不可缺少的元素。线在几何学中只有位置和长度，但是没有宽度和厚度。在构成中，线游离于点和形之间，具有位置、长度、宽度、方向、形状和性格等属性，有直线、曲线、实线、虚线等形式，极富个性和活力，且形态变化万千，是最有表现力的元素（如图 2-35、图 2-36、图 2-37 所示）。

图 2-35　自然形态中的线构成（李温喜　摄）

图 2-36　景观中线构成设计作品（李温喜　摄）

图 2-37　梯田线构成

（二）线的形态与视觉心理特征

线在平面构成中起着非常重要的作用。线所具备的张力和方向性是造型表现的关键，不同的线能表达不同的感情、性格。

1. 线的感情、性格

（1）直线。点向一定方向持续无限地运动所形成的轨迹就是直线。其具有很强的力量美感，呈现出简单、明了、直率、果断等效果。线条可以带给人丰富的情感体验，不同的线表达的情感是不一样（如图表 2-2 所示）。

表 2-2　不同线的形态与心理特征

	垂直线	刚直、升降感
	水平线	静止、安定感
	斜线	飞跃、积极感
	折线	优雅、动感
	粗线	稳重踏实，前进感
	细线	锐利、速度、柔弱感
	交叉线	不安定感

（2）曲线（包括规则曲线、几何曲线）。通过对直线施加压力来改变直线的方向形成曲线，能表现出优雅、圆润、轻柔、弹性、温暖等感觉。

规则曲线（几何曲线），指有一定的规则，且较严谨运动的几何曲线。其中，圆形线条是规则曲线中的典型代表。

封闭的几何曲线，如椭圆形、心形等。

开放的几何曲线，如抛物线、规则波状线、涡旋线等。

自由曲线，即随意的曲线，富有变化。如徒手画出的线，可以自然伸展，不拘于固定的形式，表现出自由、优雅、柔软等情调。

2. 线的错觉

（1）等长线。在长短相等的线的端头加入不同方向斜线，会让人感觉线段的长短是一样的（如图 2-38 所示）。

（2）同样长短的直线，竖直线感觉要比横直线长（如图 2-39 所示）。

（3）环境对比会产生视错觉，如平行线在不同附加物的影响下，显得不平行（如图 2-40 所示）。

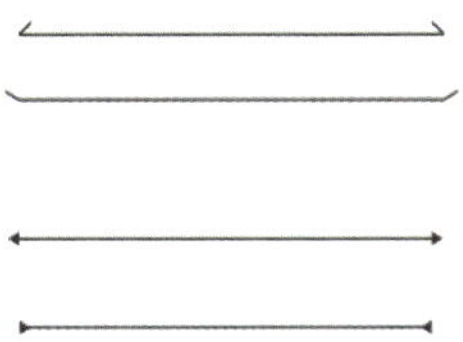

图 2-38 等长线

图 2-39 同样长短的直线

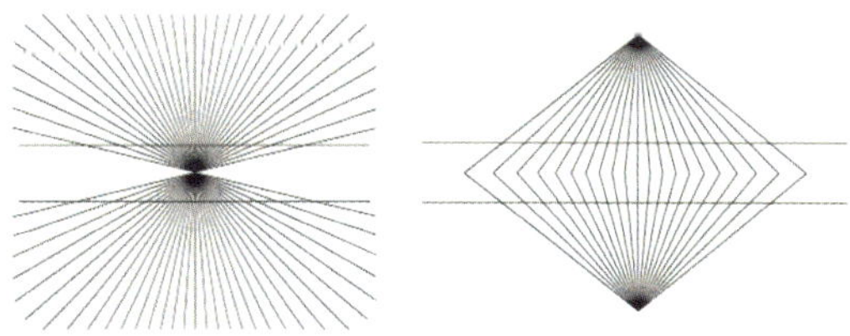

图 2-40 错视的线

（三）线的构成方法

线的构成方法有面化、疏密变化、粗细变化（如图 2-41、图 2-42、图 2-43 所示）。

图 2-41 面化的线

图 2-42 疏密变化的线

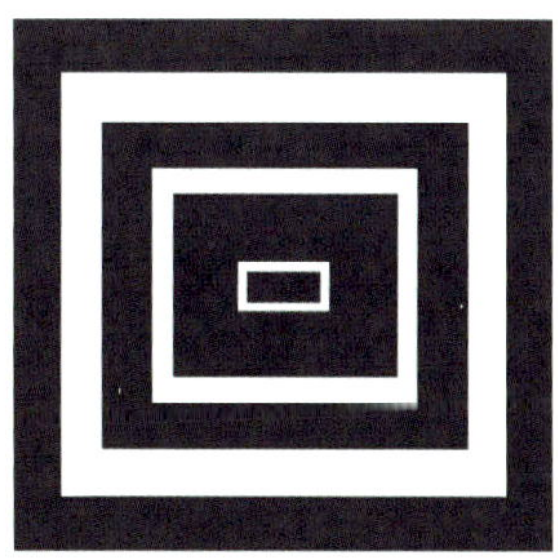

图 2-43 粗线变化的线

（四）线构成作品赏析

如图 2-44、图 2-45、图 2-46 所示。

图 2-44　作者：唐佳静
（指导：康国珍）

图 2-45　作者：胡子星
（指导：康国珍）

图 2-46　作者：汪鸿菲
（指导：康国珍）

三、面

（一）面的概念

线的移动轨迹形成面。面是相对点和线较大的形体，是造型表现的根本元素，具有长、宽两度空间（如图 2-47 所示）。

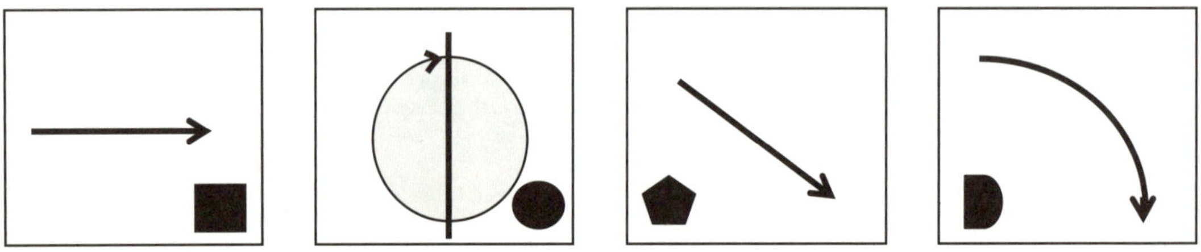

直线平行移动
可形成方形的面

直线旋转移动
可形成圆形的面

斜线平行移动
可形成菱形的面

直线一端移动
可形成扇形的面

图 2-47　面的形成方法

（1）点的大量密集可以产生面，点扩大到一定程度也可以形成面。

（2）线按照一定规律排列或移动（如旋转移动、平行移动等）至终结可以产生面。比如，直线按照水平或垂直方向移动可以形成正方形、长方形。

（3）线以一定的轨迹移动，经过围合呈封闭状态后可以形成面。

（二）面的形态与视觉心理特征

面的形态是多种多样的，不同形态的面在视觉上会让人产生不同的心理感受。

（1）几何形态的面。构成效果简洁、明了，可以表现出规则、平稳等心理特征，有安定感、秩序感，是一种比较理性的视觉效果（如图 2-48 所示）。

（2）曲线形面。有几何曲面和自由曲面，具有柔软、轻松、饱满等特性。

（3）偶然形的面，即不完全受到主观意愿控制而意外得到的面，如用水和油墨混合的墨泼洒而产生的偶然形等，通常较自然。

（4）自然形的面。不同外形的物体以面的形式出现后，给人以更为生动、厚实的视觉效果。

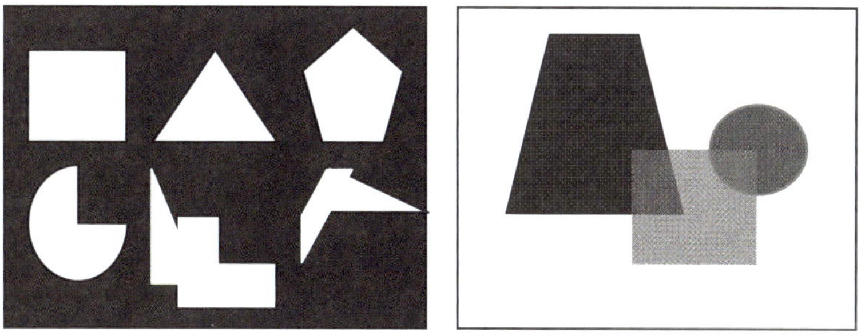

图 2-48　几何形态的面

（5）有机形的面。对现实生活中的生物体进行挖掘，是对具体事物的简化和概括，多为柔和、自然、抽象的面的形态。

（6）徒手绘制的面。给人以随意、亲切等感性印象。

（7）人造形的面。多具有较为理性的人文特点。

（8）面的错觉。① 大小错觉：同样大小的圆感觉左面大右面小，亮的大些，黑的小些（如图 2-49 所示）。② 长宽错觉：等长的垂直线和水平线分别等距排列组成的两个正方形，在视觉上给人的感觉是长宽不一样，但实际尺寸是一样的。由水平线排列组成的正方形给人感觉稍高一些，而与水平线等长的垂直线排列组成的正方形则让人感觉稍微宽一些。所以，在日常生活中，同一个人在穿竖格子服装时，人显得更高一点，穿横格子的衣服则会显得矮一些（如图 2-50 所示）。

图 2-49　面的错觉

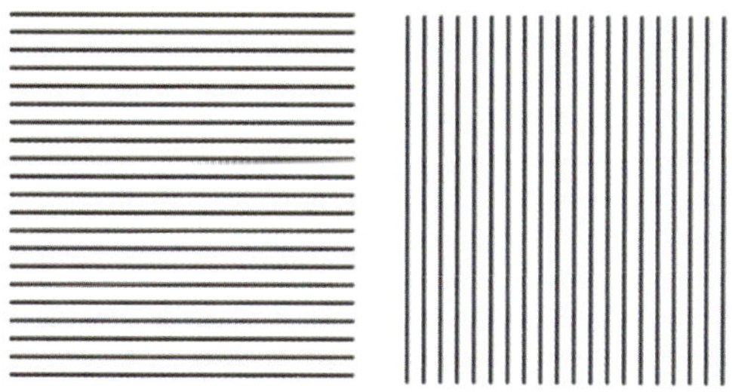

图 2-50　长宽错觉

（三）面构成作品赏析

如图 2-51、图 2-52、图 2-53 所示。

图 2-51　作者：邱荟（指导：康国珍）

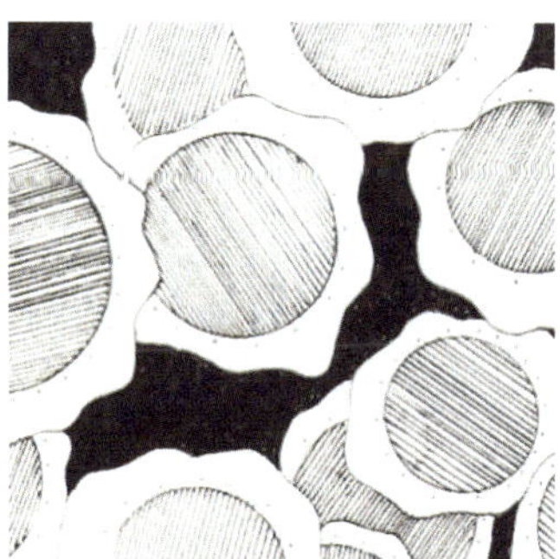

图 2-52　作者：陈琦乐（指导：康国珍）

图 2-53　作者：汪鸿菲（指导：康国珍）

四、点、线、面综合构成

点、线、面综合构成在不同的设计领域可以发挥各自的优势，更加丰富地表现出各种艺术视觉感受。

（一）点、线、面综合表现要点

（1）注意协调处理好各元素之间的主次关系，如以细线为主。

（2）加小部分的面表现，可以表达轻巧活泼的形式效果。

（二）点线面综合构成作品赏析

如图 2-54、图 2-55、图 2-56、图 2-57、图 2-58、图 2-59 所示。

图 2-54　作者：邓若彤
（指导：康国珍）

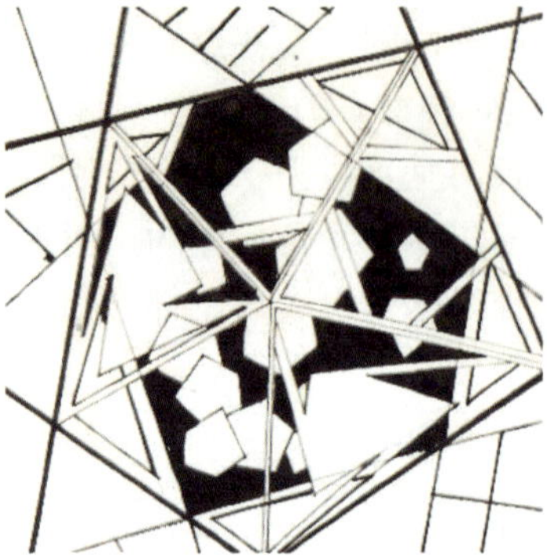

图 2-55　作者：伍意琳
（指导：康国珍）

图 2-56　作者：米爱爱
（指导：康国珍）

图 2-57　作者：陈琦乐
（指导：康国珍）

图 2-58　作者：柴永奎
（指导：康国珍）

图 2-59　作者：胡楚璇
（指导：康国珍）

五、农业中的平面构成要素

农业景观中的平面构成要素丰富多彩，田地、林地、农舍、道路、水体等都是重要的构成要素。

（一）点元素

在农业景观设计中，“点”可以是各种独立的具有明确位置的小面积景观元素，如植物、雕塑装置、建筑小品等。这些元素以点状形式分布在广阔的农田或景观空间中，占据的位置相对独立，能与周围环境产生有机联系，容易成为吸引视线和丰富景观层次的焦点，不仅能美化环境，还能为游客或农民提供休憩和观赏的场所，对于农业景观营造具有重要作用（如图 2-60 所示）。

图 2-60　果园

（二）线元素

线在农业景观设计中是具有一定长度和方向的元素。线可以是自然的边界、道路、水系、绿篱、田埂等具有线性特征的景观元素，也可以是植物种植形成的线性结构。这些元素在空间中呈现出明显的方向性和连续性，线条的运用能够引导视线流动，划分空间区域，增强景观的韵律感和动态美，对整体景观的结构和功能有重要的影响（如图 2-61、图 2-62 所示）。

图 2-61　植物种植、耕作形成的线性结构

图 2-62　梯田、草地耕作形成的线性结构

（三）面元素

在农业景观设计中，面是指由多个点和线组成的具有面域特征的景观元素，如大面积的水体、耕地、草坪或树林等。这些元素在空间中占据的面积较大，可以构成景观的背景和基础。比如大片的农田、果园、花海等，对整体景观的氛围和风格有重要的影响（如图 2-63、图 2-64、图 2-65 所示）。

图 2-63　乌镇横港村景观墙

图 2-64　重庆市南岸区铜锣峡放牛村宣传栏

图 2-65　夏季的乡村稻田景观

（四）点、线、面综合构成案例

点、线、面要素的综合运用是实现农业景观整体美感和功能性的关键。点要素作为视觉焦点和文化载体，能够提升景观的趣味性和文化内涵；线要素则通过引导视线和串联空间，增强景观的连续性和导向性；面要素则构成了景观的基底和背景，为游客提供了广阔的观赏空间和丰富的视觉体验。这三者相辅相成，共同构成了和谐统一的美好乡村画面（如图 2-66、图 2-67、图 2-68、图 2-69 所示）。

图 2-66　绍兴龙鳞坝局部

图 2-67　洞庭湖乡村稻田局部

图 2-68　乡村梯田

图 2-69　浙江省湖州市吴兴区八里店镇油菜花海

【任务训练】

1. 训练目的

通过教学活动，让学生了解平面构成中点、线、面三大基本元素的概念，充分利用不同工具、不同表现手法尝试进行不同图形的组合。

2. 教学方法

（1）课前准备铜版纸、黑色卡纸、铅笔、针管笔（绘图笔）等工具。

（2）教师在教学过程中了解学生的兴趣、爱好和专业特长，使用目标导向法、观察法、归纳法、比较法等进行教学。

3. 训练内容

以个人为单位完成点、线、面构成训练。

4. 训练要求

（1）构成元素数量与种类不限，使用单色上色。

（2）设计符合主题有创意。

（3）作品尺寸为 12 cm × 12 cm。

（4）作品完成后装裱于 4 开黑色卡纸上。

项目二任务 2　农业中的平面构成形式

5. 评分标准

（1）比例尺度（15%）。

（2）色彩关系明确，色调和谐统一（25%）。

（3）构图完整，布局合理（20%）。

（4）主题突出，有创意（20%）。

（5）具有一定的艺术审美（15%）。

（6）画面整洁，符合作业要求（5%）。

任务 3　单元型归纳设计

在平面设计中，通过一定的手法运用各种抽象和具象图形、文字等来传达特定的设计意图和设计理念。这些抽象和具象的图形是各种视觉元素依据一定的构成规律和形式美法则组成的。通过这种方法进行的设计，就叫单元型归纳设计。要完成单元型归纳设计，就必须对构成这些图形、文字的视觉元素进行系统的探讨和研究，从而掌握视觉元素构成各种图形的形式、方法和规律。

一、形状与形态

形状与形态都是指具象或抽象可见的视觉形象。形的可见状态及物象的外观在视觉上可以给人以理性的视觉感受，也可以是形象的直观感受。形状体现的是物象外在形式的具象性，形态强调的是物象外在形式的抽象性，是一种理性化的抽象。

平面设计的视觉形象是通过归纳和抽象客观事物，提炼出单纯的视觉元素，并按照一定的法则进行应用，是以一种理性和单纯的方式，从纯粹视觉思维的角度和理性的高度去研究图形的构成规律。平面构成的形象视觉元素是对设计中所需要的图形及形态进行归纳与抽象，目的是解决设计中关于文字、色彩等方面的设计和应用问题。

二、图形的意义与分类

图形是重要的视觉载体，承载着人的设计理念和设计意图。图形具有直观、生动或抽象、理性的审美特征和视觉特征。设计的重要视觉元素就是“图形”（如图 2-70 所示）。

图 2-70　图形设计

三、具象变化图形的意义及构成分析

“具象”与“变化”是在写实图形的基础上对图形作一系列变形和变化处理，从而得到新的图形样式。具象变化图形既保持了图形具象的直观性和生动性，又有变化所产生的丰富性和多样性。因此，具象变化图形对于拓展设计思维、丰富视觉语言具有十分重要的意义。

四、基本型

（一）基本型组合形式

形的组合方法有三种，即分离、连接和重叠，由此三种类型可以引申出不同的单元式造型方法。当两种以上的形相遇时，通常可产生八种形式（如表 2-3 所示）。

表 2-3　基本型组合形式

形式	说　明	图　示
分离	形与形之间是相互分隔开的，互不接触，且始终保持一定的间隔距离	
接触	形与形之间是互相靠近的，两者的边缘线刚好相接	
覆叠	形与形之间相互靠近产生重叠，但并非完全重叠时，一个或一些形象覆盖于另一个或另一些形象之上，产生上下、前后的空间叠加关系	

续表

形式	说明	图示
差叠	形与形之间叠加在一起，但不完全重叠，然后减去其他不交叠的部分所产生出的一个新形象	
透叠	形与形叠加但不完全重叠，减去交叠部分后产生透明效果，形象前后之分并不明显	
联合	形与形互相叠加但不完全重叠，且无前后之分，可以联合成为一个多元化的形象	
减缺	形与形覆叠时，前面的形象并不画出来，只出现后面的减缺形象，从而变为另一新的形象	
重叠	形与形完全重叠，成为一个独立的形象	

（二）基本型的群化构成

群化是由若干个同一形态的基本型按照一定的目的、方法，群集而成的一个新图形。因此，基本型的群化构成又称作单元型的重复构成。群化构成的基本型要求简洁、精练，基本型数量不宜太多。通过基本型的群化，人们可以了解形态之间的相加、相叠、相切的变化关系（如图 2-71 所示）。基本型的群化构成在具体设计中常用来构成简洁的标志、符号等（如图 2-72 所示）。

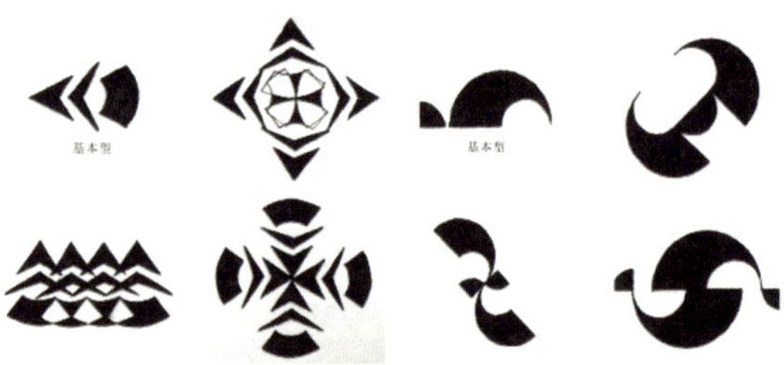

图 2-71　基本型群化构成

图 2-72　奥运五环群化设计

五、单元型归纳方法

（一）夸张加强法

夸张加强法是将物象固有的形态、神态等特征或部位直接加以夸大强调，使图案形象更典型、更神似、更具程式化、更富有感染力。目的是突出对象的特征，使图形更具有个性。需要注意的是，夸张要合乎形式美的要求。

（二）简化修饰法

简化修饰法也称省略修饰法，就是抓住对象的基本型体和特征，将素材进行删繁化简、去粗取精、提炼概括，使图案形象更简练、更传神、更清晰、更典型（如图 2-73 所示）。

图 2-73　简化修饰法

（三）添加修饰法

添加修饰法也称添加求全法，就是根据设计需要，将一些有联想意义的图案纹样添加到已经进行提炼概括、夸张变形处理的图案外轮廓内部，从而使图形更加丰富、更加美妙、更有情趣。如我国传统图案中的花中套花、花中套叶、叶中套花等（如图 2-74 所示）。

图 2-74　添加修饰法

（四）抽象变形法

抽象变形法是对自然物象采用极端夸张的手段进行加工处理的一种方法，它的特点是在加工、变化过程中充分发挥想象力、创造性，通过改造，让自然物象的形象变得更加简炼、更加概括，更为理想化、意象化、意趣化（如图 2-75 所示）。

图 2-75　抽象变形法

六、单元型归纳作品赏析

如图 2-76、图 2-77、图 2-78、图 2-79、图 2-80、图 2-81 所示。

图 2-76　作者：刘虹玲
（指导：康国珍）

图 2-77　作者：覃文
（指导：康国珍）

图 2-78　作者：谢妍辉
（指导：康国珍）

图 2-79　作者：刘佳
（指导：康国珍）

图 2-80　作者：许洁
（指导：康国珍）

图 2-81　作者：吴思怡
（指导：康国珍）

七、农业景观中的单元型归纳应用案例

（一）应用程序

（1）提炼元素。选择农场中最具代表性或象征性的元素，如农作物、传统农具或动物等，提炼出其中重要的造型要素。

（2）设计雕塑。将这些提炼出来的单元型元素通过艺术加工和抽象化设计，形成独立的雕塑作品。

（3）合理使用。可以在农场的重要位置进行雕塑陈设，使其作为独立的景观点；也可以选择多个关键位置，如入口、中心广场或重要节点处，重复摆放这些雕塑，在整体上形成统一的视觉风格。在设计中，要确保雕塑的形状、色彩、材质和造型能体现农场文化特色，同时要与周围环境相协调，营造出和谐统一的景观氛围。

（二）应用案例

1. 湖南省长沙隆平水稻博物馆

隆平水稻博物馆的设计灵感来源于绽放的稻花，由多个形状酷似“稻粒”的单元型建筑组合而成，宛如金黄的稻穗散落在一片田野之中，其寓意为“五谷丰登”（如图 2-82 所示）。

图 2-82 隆平水稻博物馆鸟瞰图

2. 云南省东风韵艺术中心

自 2014 年起，云南艺术家罗旭在云南省弥勒市市郊的东风韵艺术小镇创作了“万花筒”“半朵云”等一系列类雕塑装置的建筑群落，红砖砌筑而成的大大小小簇生瓦窑，与赤红无垠的云贵高原、粗犷的山体，构成了一个天马行空般的艺术世界。云南省红河州弥勒东风韵艺术小镇有诸多雕塑艺术（如图 2-83 所示）。其中的“半朵云”艺术馆（如图 2-84 所示），建筑本身就如同一个巨型的艺术装置，外壁浑厚、曲线圆润、层层叠叠、凹凸有致，就像天边绵延起伏的半朵云彩。“万花筒”艺术馆（如图 2-85 所示）是一个由 20 多个大大小小、倒过来的万花筒基本型经过一定的组合和排列形成的巨大建筑，建筑风格融合红酒文化、彝族支系阿细人的火文化，酒瓶、火苗状的城堡全部用当地独特的红砖砌成。这些造型都是通过对不同元素的提取、归纳、抽象后得到一个基本型，然后通过群化组合方式产生新的艺术雕塑形象。

图 2-83 云南省红河州弥勒东风韵艺术小镇雕塑艺术

图 2-84　云南省红河州弥勒东风韵
艺术小镇“半朵云”艺术馆

图 2-85　云南省红河州弥勒东风韵
艺术小镇“万花筒”艺术馆

【任务训练】

1. 训练目的

通过教学活动，让学生了解基本型，掌握单元型归纳方法，充分利用不同归纳进行图形组合设计。

2. 教学方法

（1）课前准备铜版纸、黑色卡纸、铅笔、针管笔（绘图笔）等工具。

（2）教师在教学过程中了解学生的兴趣、爱好和专业特长，使用目标导向法、观察法、归纳法、比较法等进行教学。

3. 训练内容

以个人为单位完成单元型归纳构成训练。

4. 训练要求

（1）构成元素数量与种类不限，使用单色上色。

（2）设计符合主题有创意。

（3）作品尺寸为 15 cm × 15 cm。

（4）作品完成后装裱于 4 开黑色卡纸上。

项目二任务 3 农业景观中的单位型归纳应用案例

5. 评分标准

（1）比例尺度（15%）。

（2）色彩关系明确，色调和谐统一（25%）。

（3）构图完整，布局合理（20%）。

（4）主题突出，有创意（20%）。

（5）具有一定的艺术审美（15%）。

（6）画面整洁，符合作业要求（5%）。

任务 4　平面构成形式设计

一、平面构成的基本型式

（一）重复构成

1. 重复的概念

重复是指同一画面上同样的造型反复出现的构成方式。设计中采用重复的构成形式，其目的是加深印象，强化主体，增强感染力。

2. 重复的特点

重复基本型可以产生一种绝对和谐的感觉，但是如果只是简单重复而毫无变化，画面就会产生单调感。

3. 重复的分类

（1）单体重复基本型：一个形体反复排列。

（2）单元重复基本型：以两个或两个以上的形体为一组反复排列。

4. 重复的方法

重复可以采取不定方向、交错方向、渐变方向、近似方向等方法。

5. 重复骨格的定义

重复骨格的每个空间单位都完全相同，此种骨格的形式就是重复骨格。当基本型有规律地排列起来，它们各占的空间面积完全相同，就形成了重复骨格。重复骨格主要有以下五类：① 常用的方格（如图 2-86 所示）；② 方向的改变（如图 2-87 所示）；③ 行列的改变（如图 2-88 所示）；④ 骨格单位的联合（如图 2-89 所示）；⑤ 折线骨格线（如图 2-90 所示）。

图 2-86　常用的方格

图 2-87　方向的改变

图 2-88　行列的改变

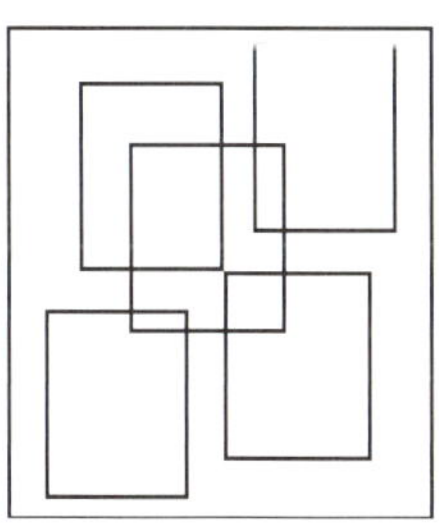

图 2-89　骨格单位的联合

图 2-90　折线骨格线

6. 重复构成作品赏析

如图 2-91、图 2-92、图 2-93 所示。

图 2-91　作者：王云琴
（指导：康国珍）

图 2-92　作者：李婷羽
（指导：康国珍）

图 2-93　作者：邱霞
（指导：康国珍）

（二）近似构成

1. 近似的概念

近似是指形态的接近或相似。在自然形态中，两个绝对相同的形象是不存在的，而更多的是大致相同而又不完全一样，这种现象是客观且普遍存在的，如树叶、白云、山石、人的形象等（如图 2-94、图 2-95 所示）。

图 2-94　造景中近似表现（李温喜　摄）

图 2-95　地面铺装近似表现（李温喜　摄）

2. 近似基本型

（1）近似基本型的含义。对基本型进行方向、大小、加减等轻度变化和规律性排列，重复基本型的轻度变异即近似基本型。基本型的近似是相对的，近似基本型可以让画面造型丰富多样，空间感增强。在设计中，基本型的近似主要指形状、大小等方面近似。

（2）近似骨格的种类。① 有明确骨格线。将近似基本型按照一定的规律放入重复骨格之中，形成近似构成。② 无明确骨格线，也就是一种非规律性的骨格线，可以在一定的平面范围内自由、随意排放。

3. 近似构成作品赏析

如图 2-96、图 2-97、图 2-98 所示。

图 2-96　作者：龙顺舟
（指导：康国珍）

图 2-97　作者：李良菊
（指导：康国珍）

图 2-98　作者：王婷
（指导：康国珍）

（三）特异构成

1. 特异构成的概念

特异是在重复、近似的基础上突破规律性的单调感，产生强烈的对比（如图 2-99、图 2-100 所示）。

图 2-99　造景中特异设计表现（李温喜　摄）

图 2-100　地面铺装中特异表现（李温喜　摄）

2. 特异构成的特征

（1）在有规律的形态中进行小部分的变异。

（2）突破某种单调和规范。

（3）某种规律的突破或秩序的轻度对比。

（4）特异的部分与规律要有一定联系。

3. 特异基本型分类

（1）规律转移。特异基本型彼此之间相互构成一种新的规律，与原整体规律的基本型有机地配合，形成规律的转移。

（2）破坏规律。特异基本型彼此无新规律，无论是形状、大小、方向还是位置等方面都无自身规律，但又融入整体规律之中，这就是破坏规律。

4. 特异基本型的形式

（1）表状的特异。

（2）大小的特异。

（3）色彩的特异。

（4）位置和方向的特异。

（5）肌理的特异。

5．特异构成作品赏析

如图 2-101、图 2-102、图 2-103 所示。

图 2-101　作者：张鑫宇（指导：康国珍）

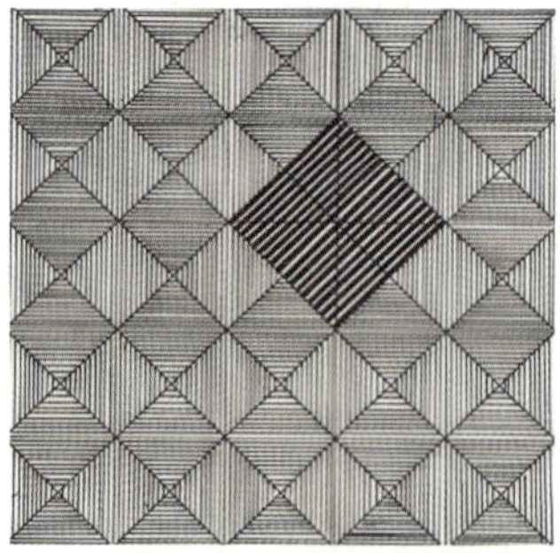

图 2-102　作者：王婷（指导：康国珍）

图 2-103　作者：周国刚（指导：康国珍）

（四）渐变构成

1．渐变的概念

渐变也称渐移，是循序渐进地、有规律地变化。如在日常生活中我们看到的植物生长、花朵的开放、人的成长等都是循序渐进的变化过程。渐变是一种规律性极强的现象，能呈现出富有节奏和韵律的美（如图 2-104 所示）。

图 2-104　渐变构成（李温喜　摄）

2．渐变的形式

（1）形状渐变。由一个形逐渐变化成另一个新的形,可分为具象渐变和抽象渐变两种。如老鼠→鼠标、鸟巢→奥体中心、贝壳→悉尼歌剧院等。

（2）大小渐变。基本型发生在从小到大或者从大到小的排列，根据近大远小的透视原理，通过基本型的逐渐变大或逐渐缩小等方式来产生有一定韵律的图形效果，可以产生深远的空间感。

（3）伸缩渐变。基本型因受内外力作用，产生压缩或扩张的逐渐变形，这一过程即伸缩渐变，如易拉罐、气球等。

（4）位置渐变。将基本型在画面中的位置作有序变化，如上下、左右、对角线移动等，这样会使画面产生波动的视觉效果。

（5）方向渐变。将一个视觉基本型朝着某一明确的方向和角度进行有序变化，使构成的画面产生起伏变化的效果，从而增强画面的立体感、空间感。

（6）色彩的渐变。主要是指基本型的色彩由一种色彩逐渐向另外一种色彩转变，从而产生有一定层次的美感。比如，从深色变成浅色、由冷色变到暖色的渐次变化。

3. 渐变中应注意的问题

（1）骨格的设计比基本型更重要。

（2）渐变设计中基本型不宜复杂，防止画面混乱。

（3）渐变设计中基本型比较复杂时，骨格线应简洁、明确。

4. 渐变构成作品赏析

如图 2-105、图 2-106、图 2-107 所示。

图 2-105　作者：张艳（指导：康国珍）

图 2-106　作者：苏雪（指导：康国珍）

图 2-107　作者：张彩兴（指导：康国珍）

（五）发射构成

1. 发射的概念

发射是一种常见的自然现象，也是重复的一种特殊情形，如太阳的光芒、花的结构等都是发射状的，可以产生力量、速度、爆炸效果（如图 2-108 所示）。

2. 发射构成的特点

具有方向性，可以形成视觉焦点，产生强烈的视觉效果。

3. 发射骨格的构成形式

通过发射点与发射线的组合，可以创造出富有韵律和动态感的视觉效果。

（1）发射点，即发射中心，是焦点所在。

（2）发射线，即骨格线。① 方向包括离心发射、向心发射、同心发射、多心发射；② 线形包括直线、曲线、折线。

图 2-108　发射构成（李温喜　摄）

4. 发射的类型

主要有向心式发射、多心式发射、同心式发射。

5. 发射构成作品赏析

如图 2-109、图 2-110、图 2-111 所示。

图 2-109　作者：伍意琳（指导：康国珍）

图 2-110　作者：王楠（指导：康国珍）

图 2-111　作者：林美（指导：康国珍）

（六）对比构成

1. 对比构成的概念

对比就是比较，可以是显著的、强烈的，也可以是模糊的、轻微的；可以是简单的，也可以是复杂的。对比是一种自由构成的形式，不受骨格线限制，由形态本身的大小、疏密、虚实、形状、色彩和肌理等方面的对比构成。对比的前提是必须有一个对比的参照物。

2. 对比基本型

所有基本型只要处于相异的状况下，就可以进行对比。

3. 对比的类型

包括方向对比、位置对比、虚实对比、聚散对比、大小对比。

（七）空间构成

1. 空间构成的概念

空间是一种具有高、宽、深的三维立体空间，是物质存在的一种客观形式。平面构成中涉及的空间形式，是三维空间形态在二维空间平面中的表现，其本质还是二维平面，只是视觉上呈现出三维立体空间的假象。它具有平面性、幻觉性、矛盾性。

2. 空间构成的形式特点

（1）平面性。平面性即二次元空间，各个元素在二维平面上所构成的空间效果看似是三维立体的，但其实质仍然是二维平面的。

（2）幻觉性。幻觉性即由几个面组合得到，但让人感觉其具有长、宽、高三维空间层次。比如，用重复和渐变等方式将不同形态的线按照一定的规律进行排列，可以得到让人产生幻觉的空间。

（3）矛盾性。通过二维图形呈现在实际空间中不可能存在的空间形式，这种独特的空间构成形式往往打破自然规律，产生出新的或意想不到的视觉效果，在设计中可以利用这一视觉原理设计出新的造型形式。矛盾空间实际上是利用二维图形形成的一种错觉空间、幻觉空间。

3. 在平面上形成空间的表现方法（如图 2-112 所示）

（1）重叠空间。两个形体重叠时，就会产生前后的感觉，这是感知平面形体空间最明显的一种方法。

（2）大小空间。通过形体的大小变化来表现空间关系。由于透视的原因，相同的物体因前后有一定的间隔距离，因此在视觉上就会形成近大远小的变化，大形在前，小形在后。

（3）倾斜空间。基本型通过倾斜排列的方式表现，使形成的新图形产生一种在空间上进行了翻转或旋转的视觉效果，从而产生空间深度感。

（4）曲面空间。弯曲具有起伏变化的效果，平面形象的弯曲会产生有深度的幻觉，从而形成空间感。

（5）投影空间。通过阴影来表现形体的立体感，增强空间的真实感。因为投影本身就具有空间感，所以投影的效果也能形成一种视觉上的空间感。

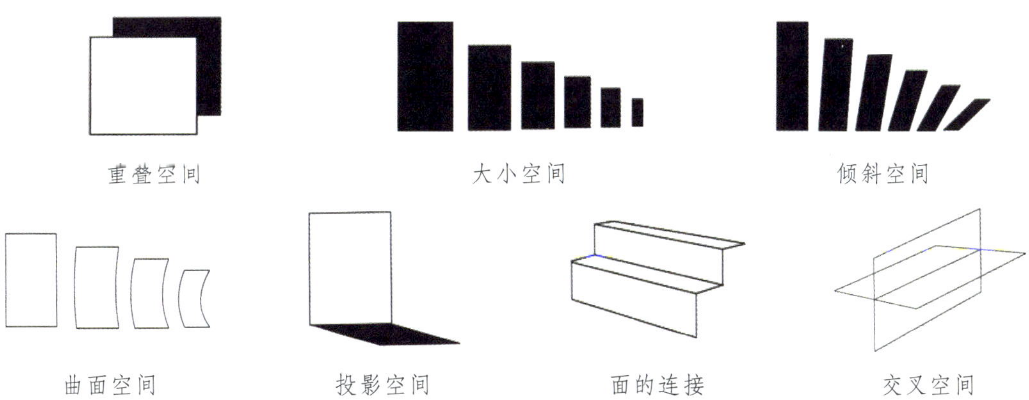

图 2-112　在平面上形成空间的方法

（6）面的连接。面的连接可以形成体，面的弯曲、旋转也可以形成体，而体是空间中的实体。因此，能够形成体的面都具有视觉上的空间感。

（7）交叉空间。两个以上的平面相互交叉，平面的二维性质就会因为它们的相互交叉而转为三维空间。

4. 空间构成作品赏析

如图 2-113、图 2-114、图 2-115 所示。

图 2-113　作者：王青（指导：康国珍）

图 2-114　作者：杨芳（指导：康国珍）

图 2-115　作者：周艳琳（指导：康国珍）

二、农业中的平面构成形式

（一）农业景观中自然形成的平面构成形式

自然形态的多样性和复杂性可以为设计师提供丰富的创意设计来源，设计师可以从自然界中提取各种各样的形态元素进行设计。图 2-116 中的梯田，逐渐一层一层由小变大，这就是发射构成、渐变构成形式，节奏感、韵律感、美感应运而生。图 2-117 中草原的植被层从山下的稀疏向山顶的密集逐渐过渡，这就是疏密对比构成形式。图 2-118 中的茶园一排一排地排列，就是重复构成形式。

图 2-116　梯田

图 2-117　草地

图 2-118　茶园

（二）农业景观中人工形成的平面构成形式

1. 社区共建的自然科普乐园

深圳市粤海街道滨海社区有一个“栢园”，蔚蓝海岸社区有一个“缘圆园”。通过“缘”与“圆”的相遇，地面的生态铺装和花园植被构成了一个大小、疏密对比（如图 2-119 所示）。

图 2-119　深圳市蔚蓝海岸三期“缘圆园”

2. 朱家林乡村生活美学馆

朱家林乡村生活美学馆位于沂蒙山区深处。其将乡村的本土元素、景观意向经过艺术加工后，借助一定的设计手法融入各类小品的建设中。图 2-120 的墙面有多个凹陷的长方形空间装饰，墙面整体以重复构成形式造型，地面的台阶铺装则是一个大小、位置渐变的构成形式。

图 2-120　朱家林乡村生活美学馆

【任务训练】

1. 训练目的

通过教学活动，让学生了解平面构成组织形式的概念，通过骨格线和基本型规律进行设计。

2. 教学方法

（1）课前准备铜版纸、黑色卡纸、铅笔、针管笔（绘图笔）等工具。

（2）教师在教学过程中利用比较法对不同构成形式进行教学。

3. 训练内容

以个人为单位完成构成形式的构成训练。

4. 训练要求

（1）使用单色上色。

（2）设计符合主题有创意。

（3）作品尺寸为 12 cm × 12 cm。

（4）作品完成后装裱于 4 开黑色卡纸上。

5. 评分标准

（1）比例尺度（15%）。

（2）色彩关系明确，色调和谐统一（25%）。

（3）构图完整，布局合理（20%）。

（4）主题突出，有创意（20%）。

（5）具有一定的艺术审美（15%）。

（6）画面整洁，符合作业要求（5%）。

【命题创作】

命题创作一：环保节能主题构成组织形式训练

1. 作业内容

以节能环保为主题，通过平面构成的组织形式进行抽象表达。增强人们的环境保护意识，融入“节能、环保、勤俭、节约”思想。

2. 作业要求

（1）构成元素不限，使用单色或多色上色。

（2）作品尺寸为8开。

（3）完成100字以内的设计说明。

3. 评分标准

（1）创意新颖（40%）。

（2）作品工艺（30%）。

（3）综合表现（30%）。

4. 案例：学生作品——环保海报

【学生作品】

图 2-121　作者：王云琴（指导：康国珍）

图 2-122　作者：唐梦婷（指导：康国珍）

图 2-123 作者：李婷羽（指导：康国珍）

图 2-124 作者：刘虹玲（指导：康国珍）

命题创作二：传统节日基本元素的抽象表达

1. 作业内容

从中国春节、元宵节、清明节、端午节、乞巧节、中秋节、重阳节等传统节日中选材，对中国传统节日进行提炼，抽象表达。

2. 作业要求

（1）构成元素不限，使用单色或多色上色。

（2）作品尺寸为 8 开。

（3）完成 100 字以内的设计说明。

项目二任务 4 农业中的平面构成形式

3. 评分标准

（1）创意新颖（40%）。

（2）作品工艺（30%）。

（3）综合表现（30%）。

项目三

色彩创意设计

学习目标

1. 通过学习色彩基本原理，掌握色彩构成的绘制方法和技巧，提高感知和规划色彩的能力。

2. 通过学习色彩调和与色彩对比基本知识，掌握色彩调和与色彩对比的绘制方法与技巧，并能灵活调配对比色与和谐色，运用这些技巧制作相关的色彩作品，提高色彩设计能力。

3. 通过一些具体的设计实例，从心理学的角度认识色彩，灵活运用色彩带给人的心理感受，创作符合时代要求、符合人们审美的优秀作品。

素养目标

1. 培养学生善于用自己的眼睛发现生活中的色彩美，激发学生创造美。

2. 培养学生共同协作、深入交流探究的学习精神。

3. 引导学生充分挖掘中国传统文化资源，感悟民俗文化的魅力，传承工匠精神，坚定文化自信。

案例导入

一、维克托·瓦萨雷里

（一）认识设计师

维克托·瓦萨雷里（Victor Vasarely，1908—1997 年）是光效应绘画的奠基人之一，在素有“布达佩斯包豪斯”之称的桑德·博特尼克（Sandor Bortnyik）学院学习绘画和现代艺术，被誉为“欧普艺术之父”。维克托·瓦萨雷里说：“在最后的分析研究中，纯创作中的实物对我来说像是家庭画作中最后的连线，它仍有着绚烂的美，并自我完结。它已不仅仅是一幅画了，构成它的色彩与形态仍位于平面之上，但是由它们引发的可塑性使平面的前部与内部结合在一起。所以这不仅是终点，也是起点，是为将来取得成就而搭建的发射台。”

（二）作品评述

"OP"是"Optical"的缩写，产生于 20 世纪 60 年代的法国，意思是视觉上的光学，即视觉效应，又被称为"光效应艺术"和"视幻艺术"（如图 3-1 所示）。维克托 · 瓦萨雷里为平面上的色彩构成赋予新的内涵。这些作品的源泉来自德国包豪斯的构成艺术，其通过运用波纹或几何形图形以及色彩的变化，创造出有动感的光色效果绘画作品。

图 3-1　光效应艺术

二、彼埃 · 蒙德里安

（一）认识设计师

荷兰画家、设计师彼埃 · 蒙德里安（Piet Cornelies Mondrian，1872—1944 年），风格派创始人，其早期作品受毕加索立体主义的影响，后形成自己独立的风格。作为几何抽象画派的先驱，蒙德里安崇尚构成主义绘画的表现方式，提倡"新造型主义"艺术，如强调在构图中使用非对称性的图形。他崇尚直线美，主张透过直角静观万物内部的平衡、安宁，他的作品大多都具有一种抽象性。蒙德里安认为："造型经验说明，艺术家不能以完全写实的手法去再现事物的表象，而必须对其加以改造，从而产生美感。"真正的造型需要远离物体原型，抓住物体真正的本质，通过平面构成关系进行造型表现。

（二）作品评述

《红、蓝、黄》（如图 3-2 所示）这幅作品创作于 1930 年，是几何抽象风格的代表作之一。作品由最简单的形状和最纯粹的色彩组成，粗重的黑色线条控制七个规格不同的矩形格子，结构简洁大方、平稳和谐。作品右上方那块鲜亮的红色是画面的主导色，其色彩饱和，与左下方的蓝色、右下方的一点黄色和四块灰色相协调。在作品中，除了三原色，再无其他颜色；除了垂直线和水平线，再无其他线条；除了长方形和正方形，再无其他形状。线条和色彩巧妙地分割与组合，使平面形成一个有节奏和动态感的几何抽象图像，是一幅具有永恒意义的绘画作品。

图 3-2 《红、黄、蓝》

三、瓦西里·康定斯基

（一）认识设计师

俄国美术理论家、画家瓦西里·康定斯基（Wassily Kandinsky，1866—1944 年）是抽象主义绘画的开山鼻祖，毕生都没有停止过对其作品艺术表现形式进行创新的追求和对抽象主义的探索。其中，《湖上》《黄·红·蓝》《蔚蓝的天空》《白色的线》《即兴 31 号》《粉色的音调》等代表作都极具想象。其著有《点、线、面》《论具体艺术》《论艺术的精神》《关于形式主义》等，其抽象的艺术语言对现代艺术的发展产生了巨大且深远的影响。

（二）作品评述

康定斯基对色彩有一种特殊的偏爱和敏感，《构成 8 号》作品是他将线条、色彩和音乐经过交融后进行创作的，用像音乐一样的线条和色彩传达画家深沉的精神世界（如图 3-3 所示）。

对构图的解释可以从锥形开始，它是由 3 条线相交而成的，位置在差不多画面中心的部分，从这里生出许多线条和图形，分布在画面上。这些沿着两个对角线轴放置的图形似乎是从锥体内出来的，好像从画布中弹出一样。有棱有角的形状为分布在画面上的许多圆圈所平衡，色彩使用了暖色，整个画面给人的感觉清晰而谐。《白色之上 2》（如图 3-4 所示）作品中的秩序不仅遵循几何规律，而且所用的颜色与这种纯粹的形式相对应。此类作品中使用的颜色主要是原色和中性色（黑、白），没有任何混合或模糊。

图 3-3 《构成 8 号》

图 3-4 《白色之上 2》

任务1 色彩创意设计基本认知

一、色彩构成的概念

色彩是人接触自然的第一感觉。人在认识自然、自身和社会时，最初是从色彩开始的。人们对色彩的感受决定了审美倾向，不同的色彩现象会引发人们不同的感受(如图 3-5 所示)。

图 3-5 大自然的颜色（康国珍 摄）

色彩构成是从物理的、生理的和心理的角度，系统讨论色彩的基本理论，把自然和生活中复杂纷繁的色彩现象，还原成最基本的色彩要素，将理性的色彩知识用于指导色彩实践，使人们对色彩的感觉由个人的直觉升华到更科学、更宽广的色彩审美领域，最终达到在专业性设计中能够灵活运用色彩理论和方法进行符合功能和审美的色彩设计。

二、色彩构成与专业的关系

色彩构成，其实就是人类在观察自然、认识自然的过程中，积累丰富的经验，在此基础上，用其中的色彩规律为人类服务的一种艺术感知、操作应用方法。大到国家的形象，小到个人的衣食住行等，都可以进行色彩构成的形态设计。不管是平面设计、工业设计，还是园林设计、装饰设计、影视设计等，所形成的作品或产品，都要用到色彩构成。

三、色彩分类

（一）有彩色

有不同相貌的色彩，为有彩色，如红、橙、黄、绿、青、蓝、紫等。

（二）无彩色

不能体现色彩效果的色彩，为无彩色，主要有黑、白、灰。

（三）金属色

工业品材料所特有的色彩为金属色，如金、银等。

（四）极色

极度对立的颜色，为极色，如橙色与蓝色（极暖与极冷）、黑与白（如图 3-6 所示）。

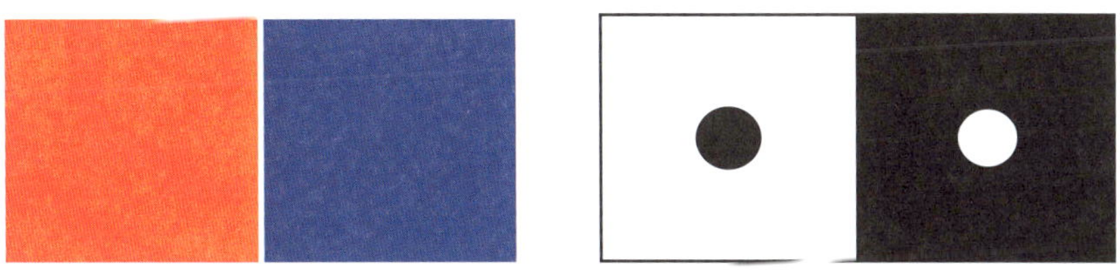

图 3-6　极色

四、三原色、间色、复色，色光三原色

如图 3-7、图 3-8 所示。

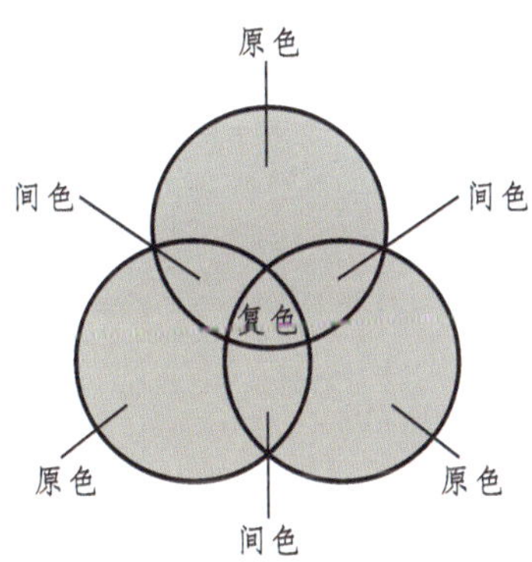

图 3-7　色彩三原色、间色、复色

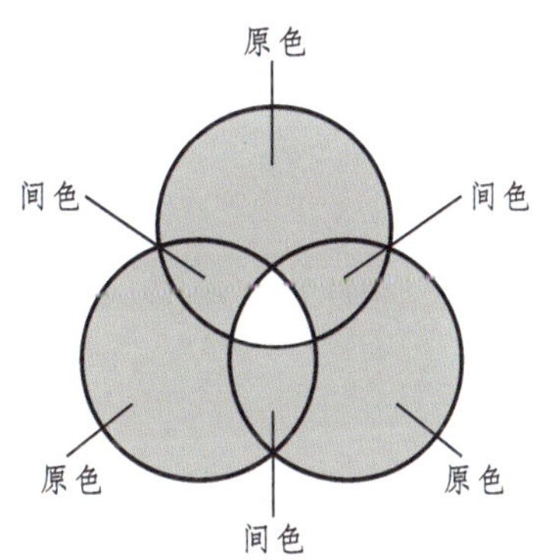

图 3-8　色光三原色

五、色彩三要素

任何一种色彩都具有明度、纯度和色相，这三者既相对独立，又相互依赖。

（一）明　度

明度是指色彩的明亮程度，表达色彩的深浅，任何一种色彩都有自己的明度特征。在色彩中，明度最高的是黄色。

（二）色　相

色相是指色彩的相貌。如人的视觉所感受到的彩虹的颜色为红、橙、黄、绿、青、蓝、紫。色相可用 12 色相环（如图 3-9 所示）、24 色相环（如图 3-10 所示）、36 色相环、48 色相环等表示。

图 3-9　12 色相环

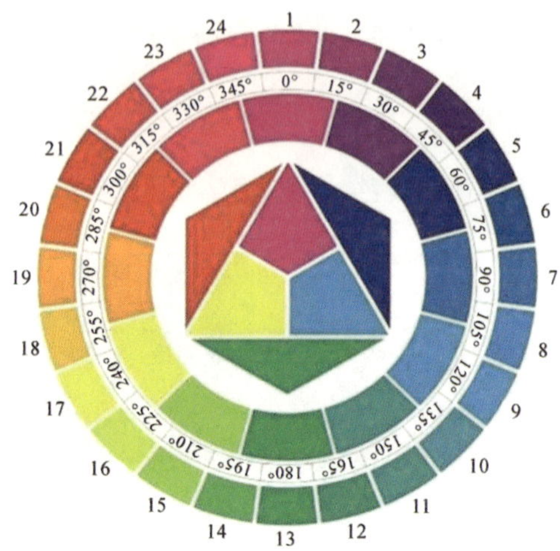

图 3-10　24 色相环

（三）纯　度

纯度是指色彩的纯净程度。任何一种颜色与另一种颜色混合，都会降低原有色彩的纯度（如图 3-11 所示）。在色彩中，纯度最高的是红色。

图 3-11　色彩纯度

六、农业中的色彩创意设计

绿色、黄色、红色是乡村最美“三原色”。“三色农业”是一种环保高效的农业种植模式，以绿色、黄色和红色为主要色调，不仅能为人们提供丰富多样的农产品，还能为农民提供更好的经济收益和生活条件。农民种植绿色、黄色和红色作物，不仅可以满足市场需求，还能享受到与自然亲近的乐趣（如图 3-12 所示）。

图 3-12　农业中的创意色彩

【任务训练】

1. 训练目的

学生在掌握一定色彩基本理论的基础上，了解色彩三要素的基本概念及其特点，从色彩三要素之间的关系来认识色彩的逻辑性。

2. 教学方法

（1）课前准备卡纸、水粉纸、铅笔、画笔、颜料、洗笔桶等工具。
（2）设计一些小实验来让学生认识色彩明度、纯度、色相的概念及其之间的关联性。
（3）引导学生掌握明度、纯度、色相的应用方法与技巧。
（4）选出部分优秀作业进行赏析。

3. 训练内容

以个人为单位完成三原色、间色、复色练习。

4. 训练要求

（1）作品尺寸为 8 开。
（2）作品完成后装裱于 4 开黑色卡纸上。

5. 评分标准

（1）比例尺度（15%）。
（2）色彩关系明确（40%）。
（3）构图完整，布局合理（20%）。
（4）具有一定的艺术审美（20%）。
（5）画面整洁，符合作业要求（5%）。

项目三任务 1　农业中的色彩创意设计

任务 2　色彩特征设计

一、色彩调和的概念

色彩调和是指在色彩搭配时，两个或者两个以上的色彩按照一定的秩序协调统一地组织在一起，使人产生心情愉快、喜欢、满足等视觉美感的色彩效果组合过程。色彩对比与色彩同时存在，所有色彩对比的结果都要归结为调和。这主要有两种解释：一是指以类似性为基础的调和，色彩有明显的差别或由不确定的色彩构成，为使构成画面整体效果和谐统一而进行的调整与组合过程。二是指以对比性为基础的调和，色彩有明显差别或不同的对比色彩组合在一起需要得到和谐统一的画面效果。有对比才会协调、调和。了解色彩的调和，可以帮助我们了解色彩本身的特点及作用，同时掌握色彩在创意农业设计应用中的规律。

二、色彩调和的原理

（一）原理一

互补色是调和的。因为人的视觉器官在接受某一色彩时，总是自动寻求一些对应的补色来取得视觉心理平衡。

（二）原理二

色彩的调和是一种色彩秩序表现。因为人生活在自然之中，来自自然界中的色彩搭配和配色的连续性，会成为人视觉色彩的习惯和审美经验，人也会不自觉地用自然界的色彩秩序去判断设计的优劣。

（三）原理三

在视觉上既不过分刺激，又不过分暧昧的配色才是调和。即色彩搭配是相辅相成的，必须在变化中求统一、统一中求变化，才能取得和谐完美的配色。

（四）原理四

配色的调和与色相、明度、纯度和面积有关。配色中较强的色要缩小面积，较弱的色要扩大面积，是色彩面积取得均衡的一般法则。

（五）原理五

能引起观者审美心理共鸣、满足不同受众心理需求的配色，就是调和。

（六）原理六

形式和内容上符合统一目的性的配色就是调和。

三、色彩调和的方法

（一）共性调和

共性调和是将色彩属性中的某一种或两种属性朝向同一或者近似方向进行组合，追求色彩统一感的过程。在由多种色彩构成的画面之中，必然会存在色彩的对比、差别。如果说差别是色彩对比的本质，那么共性就是调和的根据。

（1）色相统调调和。就是在对比色各方中同时混入同一色相，使对比色的色相相互之间逐步靠拢，从而形成具有共同色素的调子。

（2）明度统调调和。就是在对比色的各方中混入白色或者黑色，使原色彩的明度提高或降低，绝大部分色彩的纯度随之降低。色相虽然不变，但个性会被削弱，原来色彩间过分刺激的对比也被削弱（如图 3-13 所示）。

图 3-13　明度调和（李温喜　摄）

（3）纯度统调调和。就是在对比色各方混入同明度、不同量的灰色，使色彩纯度达到统调调和。

（二）面积调和

面积是色彩不可缺少的特性，面积调和在色彩构成中占据非常重要的位置。通过对比色之间面积增大或缩小调节色彩对比的强弱，可以得到一种色、量平衡与稳定的效果，如图 3-14、图 3-15 所示。

图 3-14　作者：胡映（指导：康国珍）

图 3-15　作者：严峻（指导：康国珍）

（三）秩序调和

对比比较强烈的色彩，可以让色彩以等差、渐变等方式，有秩序地、有规则地交替出现，使画面具有节奏感和韵律感，可以产生空间、协调、对比等色彩构成效果，这种方法叫色彩推移（也叫色彩渐变）。

1. 明度秩序调和（明度推移）

（1）明度推移是由浅到深渐变的过程，可以形成不同的明度层次。其特点是富有节奏变化的韵律感和层次感，具有一种单纯的秩序美。

（2）明度推移的表现方法，一是可以任选一纯色，如果所选纯色明度低（如蓝色、绿色等），可只与白色相混，依次加白渐变。二是如果所选纯色明度高（如黄色等），可以纯色明度黄色为基准，向上以亮色发展加白色、向下以暗色发展加黑色，共计调 15 个左右的明度层次，按明度层次顺序依次填在简练而生动的图形上，构成以明度为主的秩序。

明度秩序调和作品如图 3-16、图 3-17、图 3-18 所示。

图 3-16　作者：刘瑶（指导：康国珍）

图 3-17　作者：陈凯（指导：康国珍）

图 3-18　作者：何敏（指导：康国珍）

2. 色相秩序调和（色相推移）

（1）色相推移是指按色相环上颜色的顺序逐渐变化，形成高、中、低纯度的全色相色彩秩序视觉效果。其特点是色相感强、色彩鲜明而强烈，既可以给人活泼、华丽的感觉，又可以给人含蓄、高雅的感觉。

（2）色相推移的表现方法是取色相环上的所有颜色，按照色相环上的颜色顺序填在简练而生动的图形上，构成以色相为主的秩序。色相色彩丰富，色彩视觉冲击力强，可以营造欢快的氛围（如图 3-19、图 3-20 所示）。

色相秩序调和作品如图 3-21、图 3-22 所示。

3. 纯度秩序调和（纯度推移）

（1）纯度推移是指一种颜色由纯色向无彩色的黑、白、灰渐次变化。其特点是色调变化丰富、含蓄、微妙，容易含糊不清，缺少个性。

（2）纯度推移的表现方法是：任选一种纯色与不同明度的灰色相互混合，混合成 7 个左右等级的纯度层次，按纯度高低顺序填在简练而生动的图形上，构成以纯度为主的秩序。

纯度秩序调和作品如图 3-23、图 3-24 所示。

图 3-19　俄罗斯圣瓦西里大教堂

图 3-20　伞

图 3-21　作者：王真容（指导：康国珍）

图 3-22　作者：黄慧（指导：康国珍）

图 3-23　作者：高婷（指导：康国珍）

图 3-24　作者：万敏（指导：康国珍）

四、色彩对比表现

（一）色彩对比的意义

色彩对比，是指各色彩之间存在的矛盾、对立和差别。色彩对比构成在任何色彩构图中都是客观存在的，在色彩表现与色彩艺术中最具有普遍性。

（二）色彩对比的类型

1. 明度对比

明度对比是指色彩明暗程度的对比。

（1）明度对比基调，如图 3-25 所示。

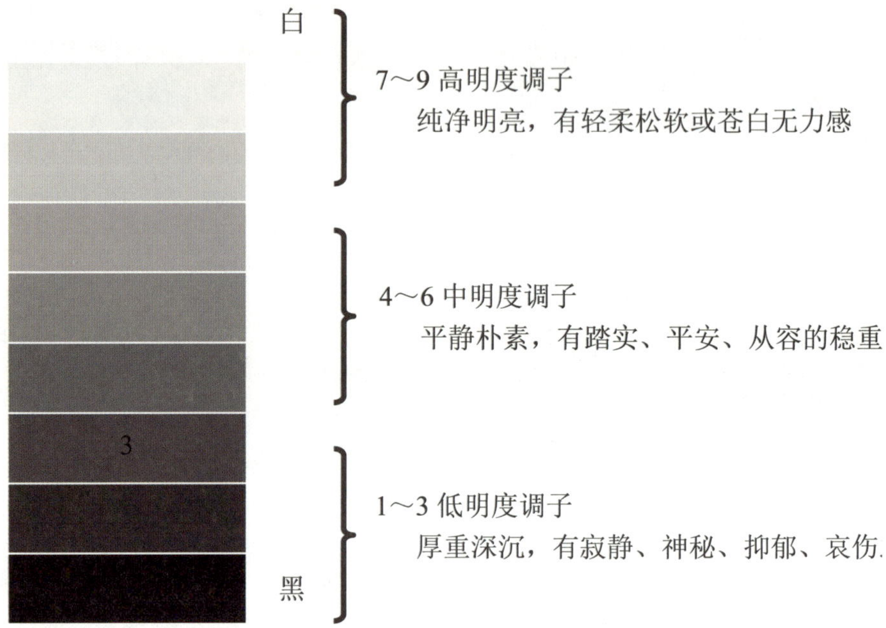

图 3-25　明度对比基调

（2）明度对比调式。明度九大调由黑到白分为 9 个色阶，形成明度列，即明度标尺，1 ~ 3 色阶为低明度，4 ~ 6 个色阶为中明度，7 ~ 9 个色阶为高明度。画面以低明度色彩（低明度色彩面积占 70% 左右时）为主构成低明度基调。画面以中明度色彩（低明度色彩面积占 70% 左右时）为主构成中明度基调。画面以高明度色彩（低明度色彩面积占 70% 左右时）为主构成高明度基调。配色的明度差在 3 阶以内的叫短调，为弱对比；5 阶以上叫长调，为明度的强对比；3 ~ 5 阶为中调。如图 3-26 所示。

明度对比作品如图 3-27、图 3-28 所示。

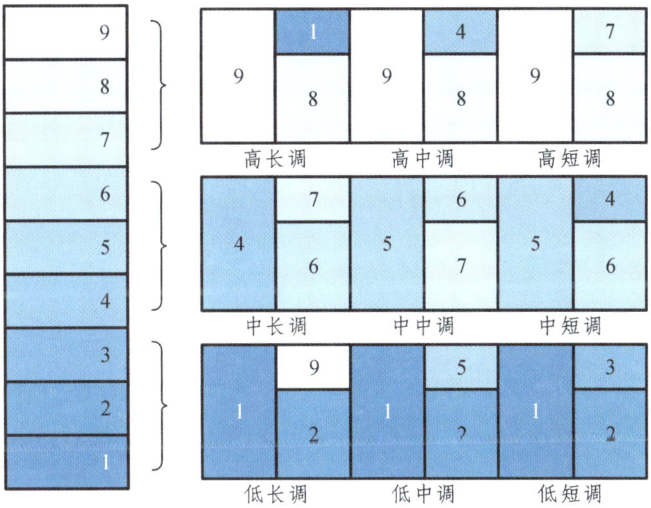

图 3-26 明度对比基调

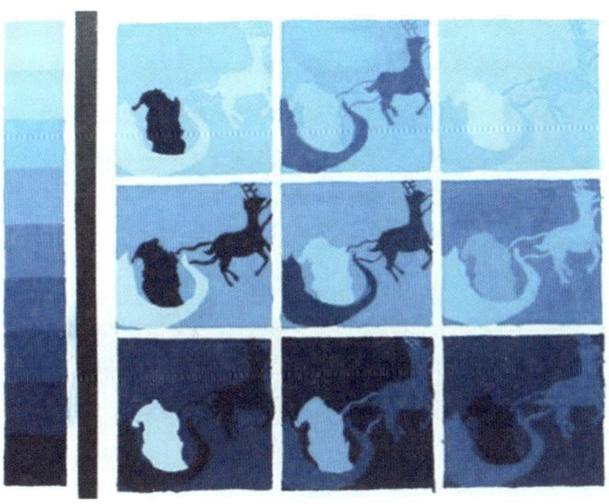

图 3-27 作者：张娅婷 指导：康国珍

图 3-28 作者：刘江华 指导：康国珍

2. 色相对比

色相对比是指因色彩三要素中的色相差异关系而呈现的色彩对比效果。各色相由于在色相环上的距离远近不同，会形成强弱不同的色相对比。色相对比的基本种类有同类色对比、邻近色对比、对比色对比、互补色对比。

（1）同类色对比。在色相环上 15° 以内为同类色，是色相环中最近的色，同时也只能呈现最弱的色相对比效果（如图 3-29 所示）。

（2）邻近色对比。在色相环上 45° 以内相邻的基础色相都是邻近色对比。其特性是具有明显的统一调性，同时有对比、有变化（如图 3-30 所示）。

（3）对比色对比。在色相环上 120° 以内为对比色（如图 3-31 所示）。

（4）互补色对比。在色相环上 180° 以内为互补色。任意一对互补色并置在一起，均可让对方的色彩更加鲜明（如图 3-32 所示）。

色相对比作品如图 3-33、图 3-34、图 3-35 所示。

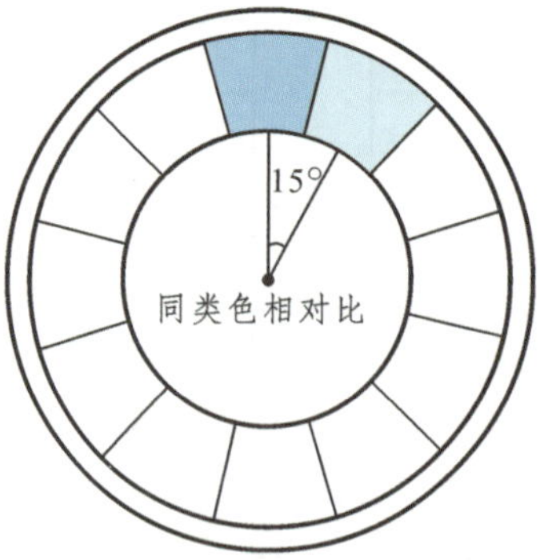

图 3-29　同类色对比

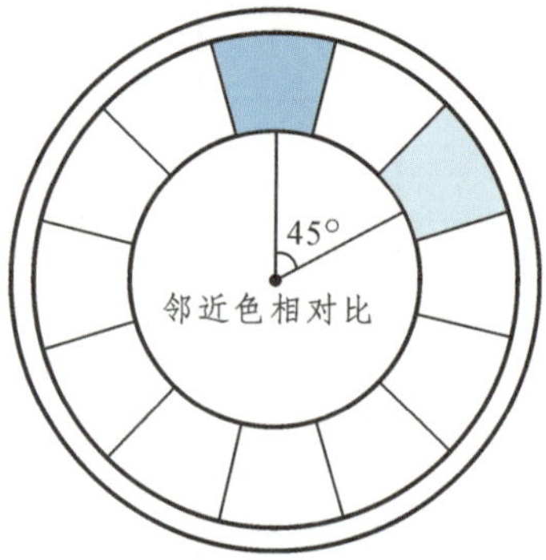

图 3-30　邻近色对比

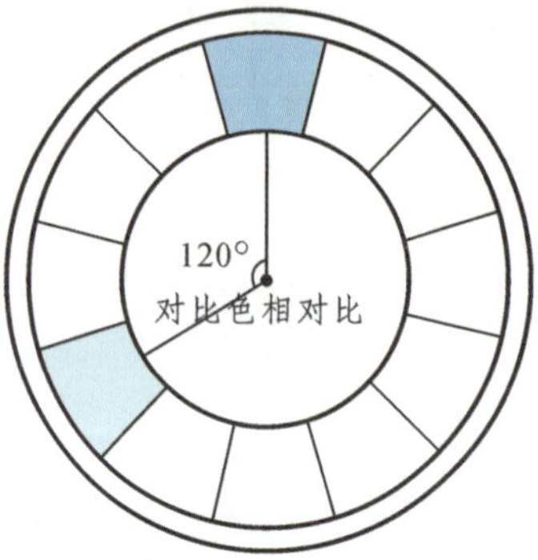

图 3-31　对比色对比

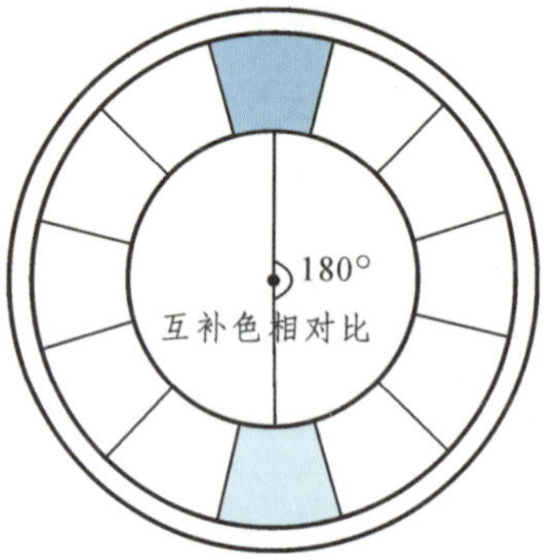

图 3-32　互补色对比

图 3-33　作者：肖媛（指导：康国珍）

图 3-34　作者：向国华（指导：康国珍）

图 3-35　作者：马玉红（指导：康国珍）

3．纯度对比

纯度对比是指因色彩纯度差别而形成的对比。纯度的区别是由每一种色彩对应标准色的饱和程度的差异决定的。

纯度对比基调如图 3-36 所示。

纯度对比作品如图 3-37、图 3-38 所示。

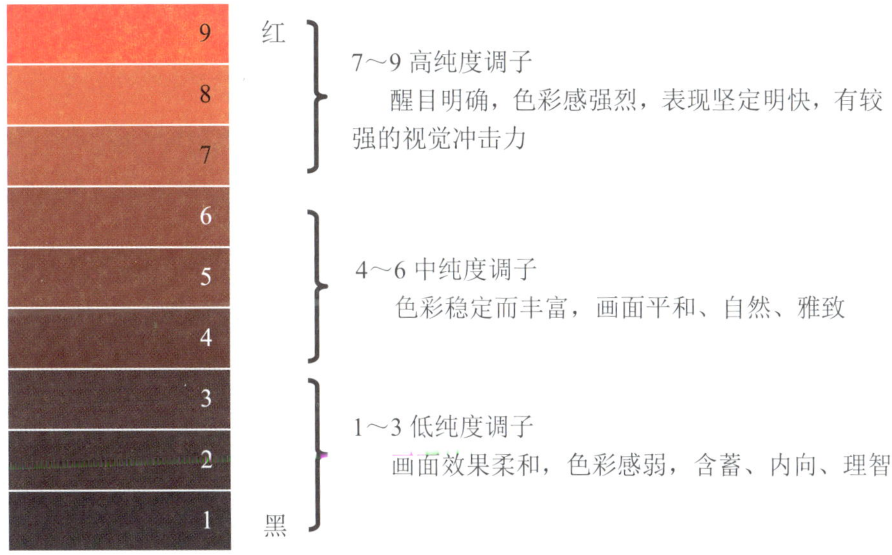

图 3-36　纯度对比基调

图 3-37　作者：王春（指导：康国珍）

图 3-38　作者：朱月蓉（指导：康国珍）

4. 面积对比

面积对比是指各种色彩在画面中所占面积大小的比例变化和差别所引起的色相、明度、纯度、冷暖等方面的对比。面积对比也可以说是比例对比。

（1）相同色彩的面积对比如图 3-39 所示。

（2）不同色彩的面积对比如图 3-40 所示。

面积对比作品如图 3-41、图 3-42 所示。

相同色彩面积弱对比　　相同色彩面积中对比　　相同色彩面积强对比

图 3-39　相同色彩的面积对比

不同色彩面积强对比　　不同色彩面积中对比　　不同色彩面积弱对比

图 3-40　不同色彩的面积对比

图 3-41　作者：邓敏艳（指导：康国珍）

图 3-42　作者：费文轩（指导：康国珍）

5. 位置对比

对比双方的色彩之间的位置距离越近，所呈现出的对比效果就越强，距离越远则对比效果就越弱。在创作作品时，一般将主色调设置在作品整体视觉的中心部位，这样最容易引人注意。

6. 冷暖对比

冷暖对比是因色彩感觉的冷暖差别而形成的对比。冷暖感觉本是触觉对外界的反应，人们在色彩世界的生活经验与生理功能（如条件反射），使人的视觉逐渐变为触觉的先导（如图 3-43、图 3-44 所示）。

图 3-43　作者：曾翠萍（指导：康国珍）

图 3-44　作者：严峻（指导：康国珍）

五、农业景观中的色彩特征

农业景观中的色彩是多层次、多维度的，既受到自然环境的影响，也与人类活动密切相关。不同的作物在不同的季节颜色各异，不同地域的土壤色彩也有所不同，这些因素都会直接影响农业景观的整体色彩。在农业生产中，可以结合各地的实际情况，因地制宜种植兼具食用价值和景观价值的农作物，发挥农作物良好的景观特性；还可以利用艺术和科技等手段，充分发挥各地土壤、植被资源优势，在稻田里设计各种图案，打造彩绘农业景观，构建“特色品种+营造技术+景观示范+功能产品+农旅宣传+旅游带货”等生产和经营模式。

（一）不同的土壤色彩

1. 红土地的色彩特征

红土地通常呈现出鲜艳的红色或棕红色。如云南东川红土地（如图 3-45、图 3-46、图 3-47 所示）被田地和农作物分割成一个个色块，随着一年四季植物及耕作场景的变化而变化，赤、橙、红、绿、青、蓝、紫，五彩斑斓，像彩虹一样美丽，尤其是秋季在蓝天白云的衬托下显得更加艳丽、更为壮观。

图 3-45　云南省东川红土地

图 3-46　初夏云南省东川红土地

图 3-47　冬季云南省东川的红土地

2. 黑土地的色彩特征

黑土地呈现出深黑色或深褐色，适合种植小麦、玉米、大豆等多种粮食作物（如图 3-48、图 3-49 所示）。

图 3-48　黑龙江黑土地秋收现场（央广网发 崔杰 摄）

图 3-49　黑土地上的春耕盛景（央广网发 依安县委宣传部）

3. 黄土地的色彩特征

黄土地呈现出黄色或黄褐色，适合种植耐旱作物，如高粱、红薯等，但在水分管理上需要特别注意。

（二）不同的季节色彩

随着季节的变化，不同的农作物的色彩会随着生长特性而发生显著变化。春季的绿色生机、夏季的丰收金黄、秋季的红色和橙色，以及冬季的白色雪景，构成了农业景观四季分明的色彩变化。

（三）不同的作物色彩

在多样化的农业系统中，不同作物的搭配会形成丰富的色彩组合。例如，彩色的油菜花田、多色的番茄和胡萝卜等。这些色彩不仅丰富了景观的视觉效果，还反映了作物的生长阶段和成熟度（如图 3-50 所示）。

图 3-50　不同的作物色彩

（四）不同的气候色彩

光照条件和气候变化会影响植物的生长和颜色表现，从而影响整个农业景观的色彩。例如，在阳光充足的地区，作物颜色更为鲜艳，而阴雨天气则可能使色彩显得黯淡。

（五）不同的地域色彩

不同的地域有不同的生产习惯，造就了各地不同的人造元素，如农舍、储藏室、围栏、灌溉系统，以及各种装置艺术品等。这些元素的颜色和设计也会有所不同（如图 3-51 所示）。

图 3-51　安徽省呈坎晒秋活动

【任务训练】

1. 训练目的

通过介绍色彩调和的含义及其原理，让学生掌握色彩调和的方法与技巧，感受色彩对比的形式美感，掌握色彩对比方法与技巧。

2. 教学方法

（1）让学生欣赏不同的案例，感受不同色彩调和带来的视觉效果变化，总结色彩调和的规律。

（2）引导学生运用色彩调和的技巧和色彩对比的方法完成色彩创作练习，创造性地运用色彩调和、对比的方法搭配出和谐、平衡的色彩关系。

（3）展示优秀作品，师生一起评价。

3. 训练内容

以个人为单位完成色彩对比构成训练作品。

4. 训练要求

（1）构成元素不限，根据要求上色。

（2）设计符合主题有创意

（3）作品尺寸为 15 cm × 15 cm。

（4）作品完成后装裱于 4 开黑色卡纸上。

项目三任务 2　农业景观中的色彩特性

5. 评分标准

（1）比例尺度（10%）。

（2）熟练运用水粉颜料（20%）。

（3）色彩关系明确，整体效果和谐统一，突出主题（45%）。

（4）具有一定的艺术审美（20%）。

（5）画面整洁，符合作业要求（5%）。

任务 3　色彩采集设计

色彩的采集就是对自然界的色彩或人工组织过的色彩进行观察、挖掘、分析、解构、提取，并为重构色彩和应用色彩做准备的过程。

一、色彩采集的对象

（一）自然色彩采集

自然界的色彩是人们取之不尽、用之不竭的色彩源泉。大自然的色彩丰富多彩，色彩结合奇特，给人类呈现了美不胜收的视觉盛宴（如图 3-52、图 3-53 所示）。

图 3-52　树叶中采集色彩

图 3-53　花中采集色彩

（二）优秀传统文化色彩采集

中国优秀传统文化经过几千年的沉淀，博大精深。从优秀传统文化中汲取色彩元素，有助于获得创作灵感（如图 3-54、图 3-55 所示）。

图 3-54　京剧脸谱中采集色彩

图 3-55　民族服饰中采集色彩

（三）经典绘画作品色彩采集

如图 3-56、图 3-57 所示。

图 3-56　梵高《乡村小路》色彩采集

图 3-57　高更《结婚》色彩采集

（四）现代流行色色彩采集

如图 3-58、图 3-59 所示。

图 3-58　流行色色彩采集（一）

图 3-59　流行色色彩采集（二）

二、色彩采集后的应用

在完成色彩采集之后，需对色彩进行抽象和重组处理，以便于创造出新的面貌。不同的人，目的不同，使用的表现技巧不同，在对同一素材进行采集、抽象、重组后所得到的构成作品，也会有所不同。

（1）要学会分析色彩组成的色性和构成形式，既要保持其原有色彩关系的比例关系，又要保持主色调的特征。

（2）打散原有色彩的组成结构，根据表现意向，构成新的形象及新的色彩关系（如图 3-60、图 3-61 所示）。

图 3-60　彼埃·蒙德里安作品《红黄蓝》

图 3-61　《红黄蓝》色彩采集在生活中的运用

三、色彩采集的创意设计运用

色彩采集在创意设计中具有广泛的应用价值，要多进行自然色彩和人工色彩的采集训练。比如，对一些经典的绘画、建筑、景观等作品进行深入研究，找出其色彩运用的规律，借鉴其色彩使用方法，将这些方法灵活应用到自主创意设计之中。对于采集到的色彩还要进行深入分析和有效过滤，以便进行合理的色彩重构和艺术创作。好的色彩采集和重构创意能让自己的设计作品主题明确、特色鲜明，在满足人们视觉欣赏需要的同时，还能提高大众审美水平（如图 3-62、图 3-63 所示）。

图 3-62　作者：范卓（指导：康国珍）

图 3-63　作者：罗兰（指导：康国珍）

四、农业景观中的色彩采集

（一）艺术色彩点亮乡村

1. 云南腾冲的帕连艺术村

云南省腾冲的五合帕连艺术村是一个傣族聚居的传统村落，在 2013 年被列为第二批中国传统村落。曾经“无特色、无优势、无潜力”的“三无村庄”一改原先的“素面朝天”，变成五彩斑斓的时尚村庄。一座建筑的墙面上增加了许多五颜六色的窗户，部分窗户装上了彩灯，一到夜晚灯光一亮，就像点亮千家万户的窗，勾起大家对故乡的思念。这面墙也被叫作“万家灯火”（如图 3-64、图 3-65 所示）。

图 3-64　帕连艺术村彩色的“万家灯火”墙

图 3-65　帕连艺术村彩色的“万家灯火”墙一角

一栋旧建筑得以焕发新的生命力，一楼由原来的牛圈改造成了现在的牛圈供销社，二楼变成了五彩民宿——艺术圈民宿（如图 3-66 所示）。在乡村书屋中的一间房间内，有一棵由 500 本书组成的镇馆之柱——“彩虹书柱”（如图 3-67 所示），书柱像一道从地上通向天空的彩虹，寓意“把书读通”；在房子的一角还增设了瓦片绘画（如图 3-68、图 3-69 所示）体验项目，还有多个公共空间增加了令人惊叹的艺术装置——帕连村彩色拖拉机装置艺术（如图 3-70 所示）。经过艺术家和村民的改造，整个乡村变成了一座巨大的乡村美术馆。

图 3-66　帕连村的民宿建筑外观

图 3-67　帕连艺术村彩虹书柱

图 3-68　帕连艺术村瓦片绘画装饰墙

图 3-69　帕连艺术村瓦片绘画装饰墙一角

图 3-70　帕连村彩色拖拉机装置艺术

2. 昆明市宜良县的彩色稻田

（1）九乡彝族回族乡麦地冲村。麦地冲村为扩大创意农业带动效应，以彩色水稻为切入点进行种植结构调整，融入红色文化、民族风情，打造以红色辣椒种植、橙色万寿菊种植、黄色烤烟种植与本色粮食种植为主的“四色产业”展示区，打造“三牛精神引领乡村振兴 · 彝心向党共庆百年芳华”“鹊桥相会归园田 · 孔雀飞舞恋梦乡”等主题彩色水稻田园景观，配套建设“我心向党”荷塘景观区（如图 3-71、图 3-72 所示）。

图 3-71 “乡村振兴·彝心向党”主题彩色水稻田园景观

图 3-72 九乡彝族回族乡麦地冲村彩色稻田鸟瞰图

（2）耿家营乡“两湾”彩色稻田。耿家营乡以马蹄湾的 142 亩土地和河湾村的 58 亩土地为依托，结合明月河和马蹄河两河交汇形成的美丽自然风光，在稻田里种植了穗紫、糯紫、深黄、糯黑、白、粉红 6 种颜色的生态水稻，以彩稻为主角打造田园综合体，使农田变成色彩斑斓的画卷，“科技稻”变身“风景稻”“民生稻”，将民族文化、幸福愿景等“绘”在田野上，形成了靓丽的彩色稻田风景线，赋能乡村振兴（如图 3-73、图 3-74、图 3-75、图 3-76、图 3-77 所示）。

图 3-73 耿家营河湾村彩色稻田鸟瞰图（2019 年）

图 3-74　耿家营河湾村彩色稻田鸟瞰图（2020 年）

图 3-75　耿家营河湾村彩色稻田鸟瞰图（2021 年）

图 3-76　耿家营马蹄湾彩色稻田鸟瞰图（2019 年）

图 3-77　耿家营马蹄湾彩色稻田鸟瞰图（2020 年）

（二）艺术家笔下的农业美

1. 中国绘画大师吴冠中笔下的诗意乡村

吴冠中笔下的白墙黑瓦已成为他对江南水乡形式美的追求。他将点线面、黑白灰完美融合，加上鲜艳明快的色彩，以及曲与直、虚与实的对比表现手法，呈现江南小镇之美（如图 3-78、图 3-79 所示）。

图 3-78　吴冠中《绍兴小景》

图 3-79　吴冠中《忆江南》

2. 日本职业插画师 Ryo Takemasa 对乡村特产的色彩表达

Ryo Takemasa（武政諒）对具有复杂根茎的蔬菜进行了分解，通过大色块简洁明了地表现其几何结构，又巧妙地使用肌理效果来保留不同蔬菜本身所具备的质感，通过一系列的彩色插画向大众表达了果蔬不一样的美。日常生活中鲜绿的蔬菜、鲜红的水果等经过加工，从形、彩、质方面不仅准确地还原了实物的外观，还赋予了画面一种生机盎然、清新脱俗的感觉。这种色彩选择体现了插画师对乡村生活的热爱与向往，以及对自然之美的深刻理解和感悟（如图 3-80、图 3-81、图 3-82、图 3-83 所示）。

图 3-80　蔬菜插画：洋葱、南瓜、藕

图 3-81　蔬菜插画：玉米、胡萝卜、白萝卜

图 3-82　蔬菜插画：番茄、黄瓜、西兰花

图 3-83　水果插画：菠萝、草莓、橙子

【任务训练】

1. 训练目的

指导学生在理解色彩心理情感的同时，提高分析和解剖色彩的能力，加强培养学生的色彩抽象意识。

2. 教学方法

（1）导入图片、视频资料，让学生感受色彩的变化及其魅力，学习其独特的配色方案。
（2）通过案例进行分解教学，引导学生从具体的步骤中学习色彩采集重构的方法。
（3）让学生分组去采集色彩，在新的画面上进行形式美感的概括、归纳和重构。
（4）在作业中观察学生的表现，看学生是否理解学习内容。

3. 训练内容

以个人为单位完成生活色彩采集重构构成训练。

4. 训练要求

（1）选择一幅最喜爱的彩色图片，对图片颜色采集后重构构成。

（2）设计符合主题、有创意。

（3）作品尺寸为 15 cm × 15 cm。

（4）作品完成后装裱于 4 开黑色卡纸上。

项目三任务 3　农业景观中的色彩采集

5. 评分标准

（1）比例尺度（10%）。

（2）熟练运用彩铅（20%）。

（3）色彩关系明确，整体效果和谐统一，突出主题（45%）。

（4）具有一定的艺术审美（20%）。

（5）画面整洁，符合作业要求（5%）。

任务 4　色彩情感表达设计

一、色彩与人的心理

（一）色彩感觉

色彩的感觉主要是通过视觉完成的，由可见光谱中不同波长的光作用于正常人的眼睛中的视网膜，通过视神经将外界的信号传给人脑，人的色彩感觉最后在大脑中呈现。

（二）色彩记忆

色彩的记忆过程是人们能动地处理、加工各种信息，提高人们对色彩更深层次的认识过程。借助记忆，人们积累大量的色彩、形象等感性经验。在此基础上，形成对色彩或同一类事物的本质和各种色彩、事物之间规律的认识。

（三）色彩想象

色彩想象是指人脑中对已有表象进行加工改造而创造出新形象的过程，是一种富有创造性和表达性的思维活动。它不仅能够让我们在内心世界中创造出五彩斑斓的画面，还能够激发我们的情感和创作灵感。

二、色彩与人的个性

个性是一种精神结构，是指个人整个稳定的、独特的心理面貌。由于年龄、性别、地域、文化以及职业等因素的影响，每个人都具有个性心理特征。

（一）年龄、性别

因人的辨色能力发展与心理状态是随着年龄的增长而发生变化的，大体上年龄越小的人，越喜爱色彩明快亮丽的色彩，如红色、黄色、蓝色等；相反，年龄越大，则越爱色彩含蓄、内敛、高贵、庄严的色彩，如紫色等。

在性别上，女孩一般喜欢亮丽温暖的色彩，男孩一般则喜爱稳重含蓄的色彩。

（二）性格气质、情绪

在生活中，每个人的性格不同，喜欢的色彩也会不同。如性格急躁的人，大多喜欢暖色和色彩明快强烈的色彩；性格忧郁内向的人，大多喜欢柔和、温暖、素雅的色彩；性格热情活泼的人，大多喜欢暖色和艳丽的色彩；性格沉静冷漠的人，大多喜欢深沉偏冷的色彩。同一人对色彩的喜爱程度，因时间、环境、心境等因素影响而发生变化。

（三）职业、爱好

通常人们偏爱自己生活、工作中接触最多的色彩，喜欢根据自己的爱好选择色彩。

三、色彩表情

色彩本身只是一种物理现象，并无情感。由于人类积累了丰富的视觉经验，不同色彩所构成的视觉形态能让人产生不同的情感变化。因此，色彩表情就是人对客观世界的一种主观反映。这种反映并不仅仅是人的心理对某一个物体，或某个色彩的个别属性的单一反映，而是一种综合的心理反应，反映的程度也是因人而异的。由于人类的生理构造和生活环境存在许多共性，对大多数人来说，无论是单一的色彩还是几种色彩的组合，在色彩的心理方面都存在共同的色彩表情。

（一）色彩的冷、暖感

色彩中带红、橙、黄的色调都带暖感，带蓝、绿的色调都带冷感。在所有色彩中，黄色与紫色一起为中性色，黄色与红色系一起为暖色，与绿色、蓝色系一起为冷色；紫色与红色系一起为暖色，与蓝色系一起为冷色。无彩色的白色是冷色，黑色是暖色，灰色为中性色（如图 3-84 所示）。

图 3-84　色彩的冷暖感（李温喜　摄）

（二）色彩的兴奋与沉静感

在色彩中，偏红色、橙色、黄色等暖色系的颜色具有兴奋感，偏蓝色、绿色等冷色系的颜色具有沉静感（如图 3-85 所示）。

图 3-85　色彩的兴奋与沉静感（李温喜 摄）

（三）色彩的轻、重感

明度高（亮色）的色彩具有轻感，明度低（暗色）的色彩具有重感。

（四）色彩的华丽与朴素感

纯度高、鲜艳明亮的色彩具有华丽感，纯度低、深沉低调的色彩具有朴素感。

四、色彩象征

（1）红色。红色象征生命、革命、吉祥、喜庆等，具有号召性，代表国家、民族等。
（2）橙色。橙色有极暖、阔大、华丽、饱满的感觉。
（3）黄色。黄色有温暖、阔大、华丽的感觉，象征希望、丰收等。
（4）绿色。绿色有湿、弱、阔大、轻的感觉，象征和平、自然、环保、生命、愉快等。
（5）青色。青色有冷、硬、收缩、重的感觉。
（6）蓝色。蓝色有冷、湿、硬、锐利、收缩、重、高尚、沉稳的感觉。
（7）紫色。紫色有钝、软、弱、重的感觉，象征高贵、华丽。

五、色彩联想

我们看到不同的色彩，往往会想起生活中的各种事物。这种由颜色联想到与某种色彩有关的事或物，就叫色彩的联想。不同国家对色彩的联想有所不同。不同民族、地区对色彩的联想也不同。色彩的心理现象还有以下几种：① 色彩与味觉。人们可以将味觉与食物、物体的色彩对应，这是因为人们有长期的生活体验。② 色彩与嗅觉。嗅觉与色彩的对应和味觉与色彩的对应相似，只是气味的体验来源更广，远超过食物的范围。③ 色彩与形状。格式塔心理学认为色彩与形状对人视觉造成影响的方式并不完全一样："凡是富有表现性的性质（色彩性质，有时也包括形状性质），都能自发地产生被动接受的心理经验；而一个式样的结构状态，却能激起一种积极组织的心理活动（主要指形状特征，但也包括色彩特征）。”④色彩与音乐。色彩与音乐有密切的联系，音乐的旋律、节奏与和声都能让人们产生色彩方面的联想。

色彩情感表达设计作品如图 3-86、图 3-87、图 3-88、图 3-89 所示。

图 3-86　春夏秋冬（作者：林倩　指导：康国珍）

图 3-87　酸甜苦辣（作者：叶潘　指导：康国珍）

图 3-88　春夏秋冬
（作者：杨必会　指导：康国珍）

图 3-89　白天　下午　黄昏　夜晚
（作者：邓婷　指导：康国珍）

六、农业景观中的色彩情感表达

（一）农业生产生活自然形成的色彩情感表达

1. 丰收的色彩

乡村晾晒农作物是一种常见的农事现象，在湖南、安徽、江西等山区都有，通常被称作“晒秋”。晒秋的“秋”是指丰收的果实。江西上饶婺源县江湾镇篁岭村平地较少，为顺应自然地形，家家户户都在房屋的顶层等地方搭起晒架，拓展空间以晾晒农作物。晾晒框架与建筑屋顶的高低对比，加上篁岭全村房屋错落排布在落差近百米的山坡上，晾晒在架子上农作物的红、黄、橙等色彩（如图 3-90 所示）在白墙的建筑和绿色植物的衬托下，显得格外耀眼，使篁岭的晒秋更具层次感。因此，篁岭晒秋也成为画家、摄影家、设计师们进行艺术创作的素材。如今的篁岭晒秋已不仅仅是一道风景，还成为中国最美乡村的重要符号。

图 3-90　安徽篁岭晒秋图

2. 七彩的大地

云南东川的七彩大地表达了自然之美、生命活力、欢乐与喜庆，不仅是一种视觉上的享受，还通过色彩传达了丰富的情感和意义。七彩本身就是自然之美的体现，是大自然赋予我们的宝贵财富。色彩的搭配和变化，展现了自然景观的多样性和独特性（如图 3-91 所示）。

图 3-91　云南东川彩色大地

（二）艺术家对乡村色彩的情感表达

日本职业插画师 Ryo Takemasa 以大量风景和日常生活的事物、场景作为创作源泉，用丰富的质感、柔和而富有层次感的色调、简洁的线条来描绘自然风景。其笔下的一幅幅插画风景作品风格清新、色彩淡雅，都是通过不同的形状、细致的色彩搭配来表达鲜明的情绪，充满平和安宁的能量。比如，尽情大胆地使用几何形状的色块，用细腻的笔触捕捉光线的微妙变化，合理地将自然元素与人文景观相结合，增加作品的叙事性和趣味性，增强作品的情感表达，为我们呈现出不一样的春天、夏天、秋天、冬天（如图 3-92、图 3-93 所示）。

图 3-92　春季的油菜花田、夏季的稻田、秋季的稻田、冬季的乡野雪地露营

图 3-93　春天的乡村一景、夏天的乡村一景、秋天的乡村一景、冬天的乡村一景

【任务训练】

1. 训练目的

从色彩生理、心理的角度，了解色彩视知觉现象和基本特征，理解色彩的意向表达，让学生体会色彩与联想对象之间的对应关系，掌握色彩情感创意的表现方法。

2. 教学方法

（1）引导学生收集相关色彩资料，探讨这些色彩现象，感知色彩在生活中的重要作用。

（2）引导学生运用色彩构成的知识完成相关色彩联想作业。

（3）结合学生作业，适时给予指导，鼓励学生展开想象，大胆表达属于自己的色彩世界。

（4）选出部分优秀作业进行赏析。

3. 训练内容

以个人为单位完成色彩情感构成训练作品。

4. 训练要求

（1）设计 4 幅色彩情感构成创意作品。

（2）作品尺寸为 20 cm×20 cm。

（3）作品完成后装裱于 4 开黑色卡纸上。

5. 评分标准

（1）比例尺度（10%）。

（2）熟练运用彩铅（20%）。

（3）色彩关系明确，整体效果和谐统一，突出主题（45%）。

（4）具有一定的艺术审美（20%）。

（5）画面整洁，符合作业要求（5%）。

项目三任务 4　农业景观中的色彩情感表达

【命题创作】

命题创作一：装饰绘画创意表现

（1）作业内容：① 黑白装饰画。② 色彩装饰画。

（2）作业要求：① 了解装饰绘画的特点，结合相关主题进行装饰绘画主题的创作。② 创意新颖，设计完整。③ 表述主题创作的设计理念（100 字以内）。

（3）评分标准：① 创意新颖（40%）。② 制作精良（50%）。③ 综合表现（10%）。

命题创作二：解读中国石窟艺术的纹样与色彩

（1）作业内容。选取一幅敦煌莫高窟、龙门石窟、云冈石窟、麦积山石窟的壁画，对其进行色彩采集重构，将解构的色彩运用到另外一幅创意图形中，进行重构色彩创意设计，最后运用到相关设计（产品、包装、广告、动漫、服饰等）中。

（2）作业要求：① 从相关壁画中汲取色彩养分，用概括的手法提炼颜色特点，对色彩进行抽象表现和具体运用，形成创新型设计作品。② 用铅笔进行草图创意抽象表现，徒手表现或用计算机表现均可。③ 检查创意的新颖程度、制作的精准程度和文案的完整程度。④ 清晰表达设计意图（100 字以内）。

（3）评分标准：① 创意新颖（40%）。② 制作精良（50%）。③ 综合表现（10%）。

命题创作三：“我爱我家”文创设计

（1）作业内容：收集自己家乡所在城市的文化元素，找出特色，并加以宣扬。

（2）作业要求：① 对城市传统文化、非遗文化、手工艺文化进行分析，提取设计元素（文化要素、工艺文化、造型材料），完成地方文化文创设计创意表现。② 先进行 2～4 个铅笔图创意，然后进行色彩表现创意。③ 检查创意的新颖程度、制作的精准程度和文案的完整程度。④ 清晰表达设计理念（100～200 字）。

（3）评分标准：① 创意新颖（40%）。② 制作精良（50%）。③ 综合表现（10%）。

项目四

空间造型设计与制作

学习目标

1. 通过学习，了解不同材料的特性与表现，掌握不同材料的加工工艺和表现手段。

2. 通过学习，掌握立体构成的设计原理、造型元素、表现形式及构成方法，并将其灵活地运用到作品创作中。

素养目标

1. 培养认真、严谨的学习态度。

2. 建立良好的协作关系，达到全面发展的目的。

3. 提高口头与书面表达能力。

4. 以党的二十大提出的全面推进乡村振兴政策为切入点，学习如何用艺术装点乡村，如何用创意点亮“美丽乡村”。通过立体构成，对设计元素进行艺术加工，使其转变形成既具有视觉魅力，又具有文化内涵的装置艺术。

5. 注意细节处理与常规材料的二次利用。

案例导入

一、克里斯托·弗拉基米罗夫·贾瓦契夫——大地艺术家

大地艺术也叫地景艺术，始于美国，是20世纪60年代末和70年代早期一种艺术运动，是一种在自然界景物中创作的艺术形式。

（一）认识设计师

克里斯托·弗拉基米罗夫·贾瓦契夫（Christo Vladimirov Javacheff，1935—2020年），生于保加利亚，大地艺术家。1961年，克里斯托夫妇在科隆港口摆满木桶，开始自己的大型公共艺术实践。1964年，他们开始定居纽约，搭档成为“包裹艺术家”。

克里斯托的创作超出了传统艺术的范畴，也很难用传统艺术类别加以审视、归纳，需要

我们用全新的角度，更为开放、发散的思维进行欣赏与解读。克里斯托曾说：“世界就是一座美术馆。”从某种程度上讲，无论其创作理念还是具体表现形式，都极大丰富了我们对艺术的再认识，拓展了艺术创作的边界和外延，并给人关于艺术与自然、与环境、与社会等有机结合的全新思考和启示。

（二）作品介绍——漫长的瞬间

1973—1976 年创作的《飞奔的栅篱》（如图 4-1 所示），地点在美国加利福尼亚的马林和索诺马县，其是用白色尼龙布制成高 5.5 米、长 40 公里的栅篱。

图 4-1 《飞奔的栅篱》

1980—1983 年创作的《被环绕的群岛》（如图 4-2 所示），是他受法国印象派画家莫奈的油画《睡莲》的启发，用超过 60 万平方米的粉红色布料覆盖佛罗里达的 11 座岛屿，从高空俯瞰，犹如漂浮在碧海上的 11 朵睡莲，成为一道奇特的风景。

图 4-2 《被环绕的群岛》

1979—2005 年创作的《门》（如图 4-3 所示），通过对自然的新建构呈现出新的景观。该造型包含 7500 道由橙色纤维板构成的“门”，每三根乙烯基柱构成一个简单的框架，“门”就从上面悬挂下来，改变了一贯的包裹方式。“门”的鲜艳色彩改变了中央公园冬季原来固有的本色。

2014—2016 年创作的《浮动的码头》（如图 4-4 所示）由大约 200 000 个聚乙烯立方体制成，上面覆盖着 70 000 平方米的黄色织布。艺术家对大自然稍加施工和修饰，使人们重新关注大自然的美。

图 4-3 《门》

图 4-4 《浮动的码头》

二、“1+N”全域世园——成都天府农博园

四川省成都市新津区兴义镇的成都农博园园区创新性提出在“田间地头”办展的理念，充分尊重大地景观的原始风貌，打造特色鲜明、融入田园风光的农业展示园。2024 年，成都农博园以“美好乡村，多彩园艺”为主题，天府农博岛“一馆一轴、一环三区、N 点协同”“一田、两带、三馆、四片”展陈的空间格局，形成场馆内外联动、相互呼应，景观与建筑和谐统一的乡村特色场景。农博展馆由中国工程院院士、中国建筑设计研究院有限公司名誉院长、总建筑师崔愷担任总设计师，打破传统封闭会展模式，以开放、绿色、共享为出发点，设计景观渗透、馆田相融、功能复合、节能高技的农博展馆（如图 4-5 所示）。

图 4-5 成都天府农博园

室外展区营造了 3000 亩农艺大田展区和天府农博大道·农艺主展轴、张牛河沿线游赏轴两个景观带，室外田园景观、水渠向室内延伸，形成以“梯田+绿谷”为主题的主景空间，展示玉米、高粱、胡麻、芝麻、油葵、地肤，以及可食蔬菜、红薯等数十种现代农艺品种，

通过不同品种农作物在不同季节的不同植株造型、色彩的多样化呈现，结合彩色水稻绘制的“成都”“美好乡村 多彩农艺”等彩绘文字，展现一幅幅带有四川元素的大地图景，让来客畅游现代农业的大美画卷。同时，充分挖掘和整合全域文旅资源，联动星河·青苗·文化休闲片区、瑞雪·农业科技体验区、商业后街·美食生活片区、北一路大棚·组培中心·农耕采摘片区四大农事体验片区，构建了“1+N”全域世园场景，让游客能亲身感受农耕文化的魅力。室内展馆打造天府粮仓特色农产品展销、现代农业科技展示、中华农耕文明馆三大展馆，让游客在欣赏农艺美景的同时，深入了解农业科技的最新成果。

主场馆（如图 4-6 所示）由五组巨型木构棚架撑起道道飞虹，与广袤的田野极度相称，类似“大棚”“稻浪”的造型是对日常农业活动空间的隐喻表达，展示了对土地和劳作的尊重。

图 4-6　成都天府农博园主场馆

瑞雪建筑体（如图 4-7 所示）以积雪为建筑理念设计，描绘出雪落大地、冬雪消融的景象，寓意瑞雪兆丰年，是天府农博园寓意“春夏秋冬”建筑地景中“冬”的代表。

图 4-7　成都天府农博园建筑——“瑞雪”

四栋主要的“青苗”单体建筑（如图 4-8 所示）均复刻“青苗”的生长态势，以三向伸展的叶片为母题，模仿叶片自由散落于田间的形态，顺应用地边界的转折排布，将建筑体量化整为零，使单体有不同的转动角度，彼此呈现出微妙的位置关系，回应不规则的用地边界。建筑周围就是庄稼，描绘出田园牧歌般的图景。春可赏稻苗、夏可观荷塘、秋可弄菊花、冬可采蜡梅，四季景观的变化让“青苗”于田间呈现不同的风貌，也为建筑赋予时间维度的价值。

图 4-8　成都天府农博园建筑——“青苗”群落

三、成都市道明竹艺村竹编艺术

2016 年 8 月，成都市崇州道明镇竹艺村项目正式启动，围绕“道明竹编”这一国家级非物质文化遗产和“川西第一竹编市场”实施乡村形态、业态、治理三个更新，通过对林盘聚落的统筹规划设计和建设，全面建设宜居宜业和美乡村。2022 年逐步开展打造以“竹产业”为核心 IP 的特色产业集群。

建筑“竹里”（如图 4-9 所示），反映了崇州千百年来竹引导城市的古老状态。建筑“竹里”从空中俯瞰是无限的符号“∞”，这座由上海创盟国际建筑设计有限公司设计的屋顶绿瓦

图 4-9 成都道明竹艺村建筑——“竹里”

浮屋，曾先后获得城市创意设计类金奖、四川十大文化旅游产业景点、“天府旅游标志”等荣誉，并在当代国际建筑顶级大展——第 16 届威尼斯国际建筑双年展上获得国际设计大奖。国际建筑双年展，是当代国际展览艺术的最高展，以“未来科技人文的生活理念不只是一栋建筑，而是遍布全村”为理念。竹艺村现已成为成都市乡村文旅融合的重要名片。

道明村竹编博物馆、竹编雕塑艺术品“熊猫”如图 4-10、图 4-11 所示。

图 4-10 道明村竹编博物馆（康国珍 摄）

图 4-11　成都道明竹艺村竹编雕塑艺术品——熊猫（康国珍　摄）

竹编装置艺术品“翊”（如图 4-12 所示），突出“鸟之双翼竖立起来”的视觉感，通过复杂的形状组合营造竹编流动的动态，在稳定的造型中追求灵动，用竹的细腻勾勒鸟的姿态。

图 4-12　道明镇竹艺村竹编装置艺术品——“翊”

任务 1　立体造型设计与制作基础认知

一、立体构成概述

（一）立体构成的概念

立体构成也称为空间构成，是二维平面形象转入三维立体空间的构成表现，研究三维空间之中点、线、面等立体形态造型元素在空间中的构成关系，以及立体造型的规律、形式语言、视觉原理。立体构成是以一定的材料和视觉元素为基础，按照一定的形式美法则，在三维空间内创造出具有审美价值、符合力学原理的新的立体形态的学科。

（二）立体构成的特点

立体构成是研究空间形态的学科，以实体占据限定的空间，结合元素的形状、大小、质感、色彩等特点，在空间中创造出全新的视觉效果。立体构成是研究立体造型设计中各元素的构成法则，按照不同的规则可以构成不同的形态，从而揭示立体造型表现美的基本规律，阐明立体造型设计的基本原理，让人充分认识三维空间中的立体形态，掌握三维空间中进行造型的方法，建立良好的立体空间观念。学习立体构成的主要目的在于理解造型原理，探究造型规律，掌握造型方法，创造三维造型。

（三）认识三维形态

三维是指具有长度、宽度和深度的空间维度，又称为三度空间（三维空间）。从自然界的日月星辰到山川河流，从我们居住的建筑到日常生活用品，都属于三维物质形态，也就是我们常说的“立体物”。

（四）平面构成、色彩构成与立体构成之间的联系与区别

1. 联　系

三者都是现代设计领域中最基础的艺术造型训练内容，旨在引导学生掌握严谨的创造思维方式，训练抽象思维意识和构成能力，提高审美能力，并在接受严格训练后掌握相应的构成技能。

2. 区　别

平面构成、色彩构成是二维视觉形态构成，而立体构成是三维实体与空间形态的构成。色彩构成是用色彩明暗、强弱、冷暖、对比的形式体现视觉空间效果。而立体构成是从多个层次、不同角度去塑造三维空间形态的方法，其中包括力学原理的应用，是艺术与科技的完美结合。

（五）学习立体构成的目的

一是以抽象的形式语言表现社会现象和自然形态。二是培养三维立体感觉，对各种形态造型进行“简化”“归纳”，用几何形体归纳繁复的形态，提高理性概括能力和敏锐的形态感知能力。三是掌握立体形态中最基本也是最重要的造型元素：点、线、面。因为任何造型形态都离不开点、线、面。四是培养科学的三维空间造型思维。不同材料的加工工艺不一样，制作出来的作品效果不一样，其产生的艺术价值也是不一样的。因此，要掌握好立体构成的基本技能，培养良好的三维空间造型思维，才能灵活运用各种元素，创造出符合审美需求和现实功能需要的空间造型。

二、三维形态形式

（一）自然形态

自然形态是在自然法则下已经存在的物质形态，可以分为有机形态和无机形态。

（1）有机形态，是指有生长技能、可以再生的形态，是设计者获得设计思路的重要途径，常常给人舒畅、和谐、自然、古朴的感觉。

（2）无机形态，是指没有生长机能且相对静止的形态。自然形成、非人的意志可以控制结果的形称“偶然形”，偶然形给人特殊的感觉，但有难以得到和流于轻率的缺点。非秩序性，且故意寻求表现某种情感特征的形称为“不规则形”。不规则形给人活泼多样、轻快而富有变化的感觉，但处理不当会导致混乱无章、七零八落的后果。

（二）人工形态

人工形态是指人类根据设计需求，有意识、有目的地对设计元素进行加工创造出来的新形态。如手机、轮船、桌椅、服饰、汽车、雕塑、建筑物等。其中，轮船、桌椅、服饰、汽车等是根据功能需求来进行物体形态设计的，而雕塑是将形态本身作为艺术欣赏对象的一种艺术表现形式。随着科技的发展，人类现在已经可以根据不同使用目的和使用要求设计出不同的形态，生活中创造出来的人工形态其实都是人类从自然形态中总结经验才创作出来的。人工形态根据造型特征可分为具象形态与抽象形态。

（1）具象形态。具象形态是根据客观物象本身所具有的客观形象和构造，以写实性的模仿方式创造出来的形态，与实际形态相似，是表现物象真实的面貌特征。比如，3D 打印机打印出来的人物蜡像、秦始皇兵马俑、模具等，就直接表现了物体原形的具体相貌及体态特征。

（2）抽象形态。艺术源于生活，抽象形态其实就是人类从众多的自然形态中提取、归纳、总结出各类形态所具有的共通的、本质性的特征，然后舍弃其非本质的特征，用点、线、面等抽象元素，根据自然形态原形的概念、意义等创造出新的观念符号（如图 4-13 所示）。简单地说，抽象是一个取其精华、去其糟粕的创作过程。

图 4-13　2008 奥运会国家体育场“鸟巢”（作者：雅克·黑尔措格，皮埃·缪隆）

三、农业景观中的立体构成形态

农业景观设计与当地文化之间存在密切的联系，不同地域有不同的自然环境，会造就不同的农业景观形式。在设计过程中，需要有效、合理地融入地域文化元素，以传承和展现当地独特的农耕文化、民俗文化以及地方特色（如图 4-14、图 4-15、图 4-16 所示）。

图 4-14　乡村梯田民宿景观

图 4-15　云南哈尼族民居“蘑菇房”（熊可 摄）

图 4-16　巴山茅草凉亭（李温喜 摄）

【任务训练】

1. 训练目的

掌握立体造型设计的基础理论知识。

2. 教学方法

（1）学生课前预习。

（2）列举中外著名的景观、装置艺术造型，要求每小组简述一个。

3. 训练内容

收集整理中外乡村景观艺术设计图片与文字资料。

4. 训练要求

（1）图片不低于 5 张。

（2）每张图片配文字说明。

（3）形成 PPT 汇报。

项目四任务 1　初识农业景观中的立体构成形态

任务 2　半立体设计制作

一、半立体构成的概念

半立体构成是平面与立体之间的一种形态，也是平面向立面的过渡。浮雕半立体造型是将部分或全部突出平面空间，呈现出凹凸有致的造型形态以及明暗的空间视觉效果（如图 4-17、图 4-18 所示）。

图 4-17　半立体墙面设计——宽窄巷子（康国珍　摄）

图 4-18　半立体墙面设计——幸福公社（康国珍　摄）

二、半立体构成的制作

（一）半立体构成方法

要让具有平面感的平面材料（如卡纸）变得有立体感，就要增加深度空间。通常，半立体的主要构成方法是通过对平面材料的切割、折叠、弯曲、镂空、插接等构成手段，使平面的材料产生立体的效果（如图 4-19 所示）。选择卡纸制作是因为卡纸有一定的厚度，韧性好，不易变形，可操控强，最重要的是经济实惠。当然，不同的材料用不同的方法处理，呈现出来的效果也会不一样。

切割　　折叠　　弯曲　　镂空　　插接

图 4-19　半立体构成方法

（二）半立体（独立体）的表现形式

（1）不切多折。采用平面的卡纸，在不允许出现切口和保持纸张完整的前提下，完成半立体形态。只用折叠、弯曲、凹凸变化，虽难度较大，但坚固度强，整体效果好。

（2）一切多折。在允许出现一刀切口和保持纸张完整的前提下，完成半立体形态。刀口的长度一般为卡纸的 1/2 或 1/3，根据刀口的方向、长短曲直设计，注意造型的完美性。

（3）多切多折。在允许出现两刀切口以上和保持纸张完整的前提下，完成半立体形态。刀口的长度一般为卡纸的 1/2 或 1/3，根据刀口的方向、长短曲直设计，注意形态的完美性。

（三）浮雕（联合体）板式构成的表现形式

板式构成是平面材料经过折叠、切割等立体化加工后，形成具有一定深（厚）度的、具有浮雕特征的板式立体。板式构成的实质是以半立体为基本型态的重复或渐变构成。

半立体（联合体）作品如图 4-20、图 4-21、图 4-22、图 4-23 所示。

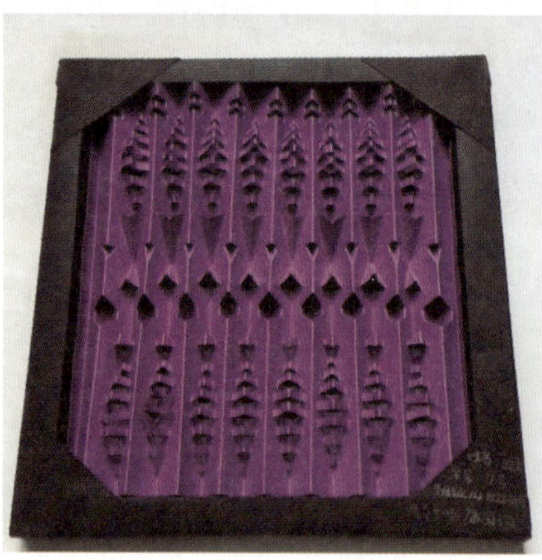

图 4-20　作者：范钰（指导：康国珍）

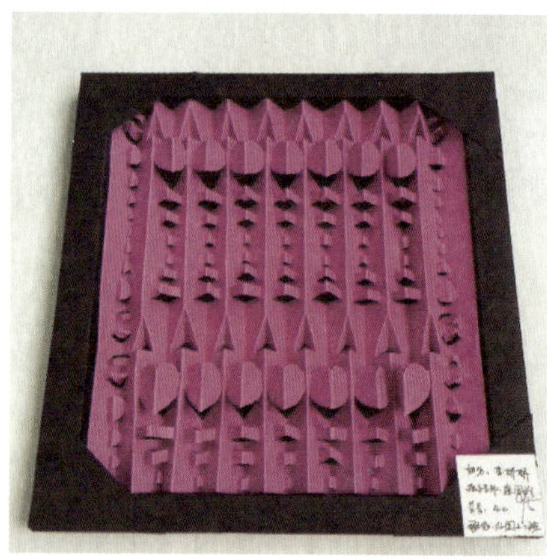

图 4-21　作者：李娇娇（指导：康国珍）

图 4-22 作者：黄梦（指导：康国珍）

图 4-23 作者：徐林（指导：康国珍）

三、乡村景观中的半立体造型设计

农业景观不仅承载着农作物生产的传统功能，还日益成为融合自然美学、生态保育与休闲休验的综合体。农业景观中的半立体设计是一种集美学、生态、功能于一体的综合设计手法。通过地形改造、植物配置、景观小品与构筑物建设、水体设计、空间布局划分、材料选择与运用以及生态可持续发展等多个方面的精心策划与实施，可以打造出既富有特色又充满活力的农业景观空间。多维度、多层次的景观构建，为农业景观增添了独特的魅力与活力（如图 4-24、图 4-25、图 4-26 所示）。

图 4-24 安桔乐野——光伏乡村升级的典范

图 4-25　景德镇三宝陶艺村景观墙面

图 4-26　江西省景德镇陶溪川文创街区景观墙

【任务训练】

1. 训练目的

研究立体造型中半立体构成表现形式，训练学生掌握浮雕半立体构成的造型手段，体验半立体造型设计与制作在乡村景观中的艺术表达。

2. 教学方法

（1）学生课前预习，并准备课堂动手实践所需材料和工具。

（2）列举中外著名的浮雕半立体案例，设计制作半立体构成作品。

（3）选出部分有代表性的作品，介绍作品的创意亮点及设计思路。

（4）学生互评作品。

3. 训练内容

运用立体构成浮雕半立体设计制作完成半立体（联合体）。

4. 训练要求

（1）用半立体构成原理进行设计。

（2）自选多种材料。

（3）单色或多色彩不限。

（4）设计符合主题，有创意。

项目四任务 2　乡村景观中的半立体造型设计

5. 评分标准

（1）比例尺度（10%）。

（2）色彩关系明确，色调和谐统一（15%）。

（3）造型完整，布局合理（25%）。

（4）主题突出，造型优美有创意（30%）。

（5）具有一定的艺术审美（15%）。

（6）画面整洁，符合作业要求（5%）。

任务 3　点、线立体的设计与制作

一、点立体构成

（一）点立体的概念

立体构成中的点不仅具有位置、方向、大小和形状，而且还具有长度、宽度和厚度。点作为一个最基本的空间造型构成要素，具有较强的空间凝聚力，容易吸引人的注意力，所以点传达给人的是强调、突出之感。可以利用点的独特性和聚焦性，创造出符合主题意境的空间效果（如图 4-27 所示）。

图 4-27　成都大邑幸福公社/中国天府农博园点立体雕塑（李温喜 摄）

（二）点立体的视觉特征

点的造型多样，是构成一切形态的基础，具有很强的视觉引导和集聚作用。在造型活动中，点通常用来表现强调和节奏。

（三）点立体的作用

（1）通过集聚视线，引人注意，产生强调、突出之感。

（2）表现节奏感和动感，产生空间深远感，起到扩充空间的效果。

二、线立体构成

（一）线立体的概念

点的延伸可以形成线，平面线条的三维化形式则被称为线立体，不仅包含平面线的全部特征，还具有宽度、深度的三维空间，有粗细、软硬之分（如图 4-28、图 4-29 所示）。

图 4-28　天星村非遗编艺线立体造型（李温喜 摄）

图 4-29　中国天府农博园线立体雕塑（李温喜 摄）

（二）线立体的形态

点的延伸可以形成线，线比点更具有方向性和力感，有自身独特的构成形式，可以用不同的形态来表现。线通过重复、渐变、发射、旋转等不同的方式进行排列组合，可以得到不同美感的形态。

（三）线立体的视觉特征

线的种类繁多、形态丰富，其材料本身并不具备表现形体的特性，但通过拉伸或加粗等加工后，可以以“长度”来展现自身的特点。经过弯折、排列、组合等设计加工，线就会表现出面的特性。再对由线组成的面进行组合，就可以形成具有空间的立体造型。

（四）线立体的作用

（1）连接两个及两个以上的物体，可以起到连接的作用。

（2）分割空间、延伸空间。

（3）引导和转移视线。

（4）表达情感、传递信息。

（五）线立体的构成方法

（1）框架构成。直接表现结构关系，可以呈现出一定的力度感、节奏感、形式美感以及对空间进行诠释。

（2）垒积构成。将线材质用不同的叠加形式制作出立体造型，即为垒积构成。这样可以创作出有律动和有节奏变化的效果。

（3）旋转排出构成。将线材按照一定规律进行有序旋转排列，会得到相应的曲面效果，这样的构成方式具有很强的韵律感、节奏感和秩序感。

（4）自由线体构成。对线材进行自由和无序构成，会产生自然、灵动、活泼的效果。

（六）线立体构成分类

1. 硬质线材

包括铁丝、牙签、筷子、金属、玻璃等，不同材质的效果不一样。在实践过程中为了取材便捷、易于操作，按照经济性原则，通常会选择铁丝、方便筷子、牙签等（如图 4-30 所示）。

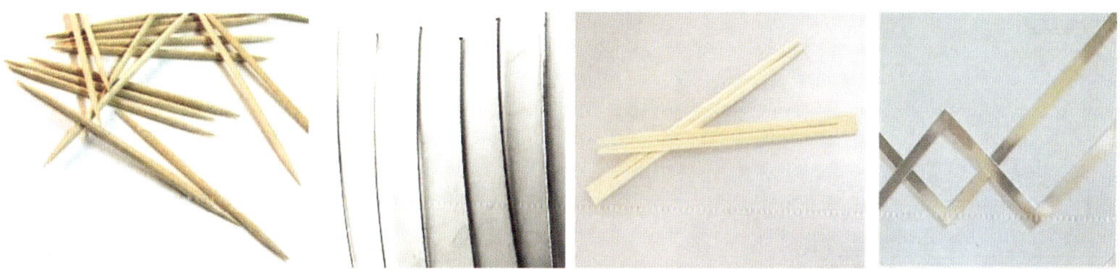

图 4-30　硬线材质

2. 软质线材

包括毛线、丝带、吸管等（如图 4-31 所示）。

图 4-31　软线材质

点、线立体作品如图 4-32、图 4-33、图 4-34、图 4-35、图 4-36、图 4-37 所示。

图 4-32　作者：向国华
（指导：康国珍）

图 4-33　作者：李梦
（指导：康国珍）

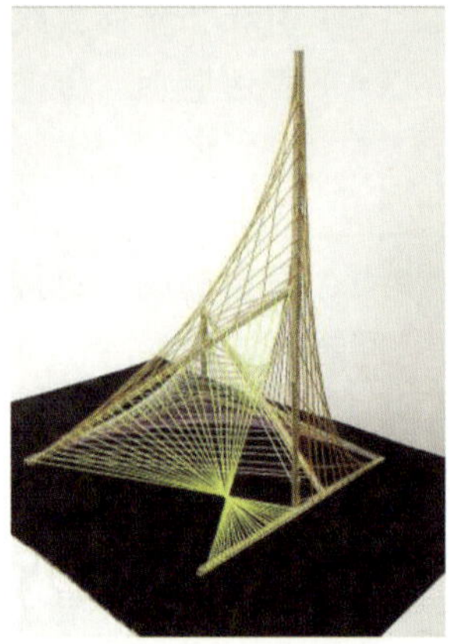

图 4-34　作者：吴玮聪
（指导：康国珍）

图 4-35　作者：罗兰
（指导：康国珍）

图 4-36　作者：周雨鑫
（指导：康国珍）

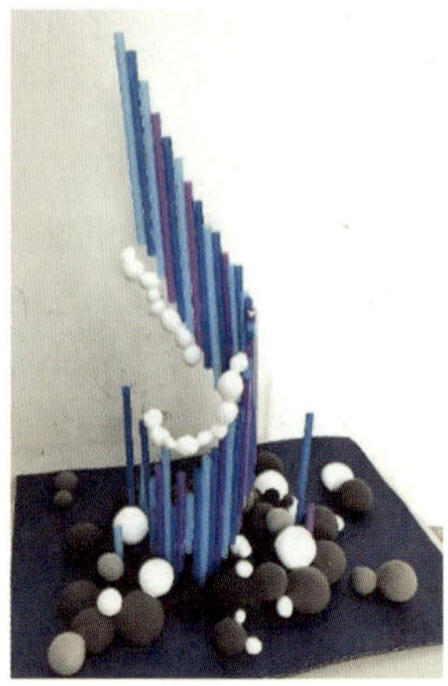

图 4-37　作者：普惹么舍作
（指导：康国珍）

三、农业景观中的点、线立体造型设计

（一）自然形态中的点、线立体构成

合理利用好农业生产和生活中自然的点、线、面，可以产生重要的价值。

1. 地形地貌

根据地形地貌的特点，设计合理的梯田、坡地等农业生产空间结构，既能有效保护水土，又能合理增加耕地的面积。

2. 景观层次

通过植物的高度差异、颜色搭配，形成有层次的景观效果，可以增强视觉美感。

3. 功能分区

将农业景观划分为生产区、休闲区、观光区等功能区块，每个区域都应有明确的立体构成目标和功能定位。

4. 生态保护

在设计中注重生态保护，如设置湿地、水体等，增加生物多样性，同时也能为游客提供观赏的生态景观（如图 4-38、图 4-39、图 4-40、图 4-41 所示）。

图 4-38　茂密的竹林

图 4-39　石棉花开图

图 4-40　夏季茶园

图 4-41　春季茶园

（二）人工形态中的点、线立体构成

1. 四川省成都市的“马卡龙”天桥

由中建西南院设计完成的成都市郫都区锦城绿道跨犀团路天桥，以成都周边重峦叠嶂和蜿蜒流淌的“山峦流水”为设计理念，其轮廓形似起伏的山峦，横跨原野，越过良田，在犀团路上空与有轨电车错位相遇。天桥由上千根金属线条按照一定的节奏排列组合，构成桥梁两侧的装饰栏杆，整体配色明快而活泼，近处与翠绿田野接壤，远处与湛蓝天际相连，多彩“马卡龙”色系渐变样式涂装让天桥在白天犹如一道优美的七彩飞虹，夜晚又化身成一条彩色飘带，形成一道靓丽的风景（如图 4-42 所示）。

图 4-42　成都市“马卡龙”天桥

2. 四川省德阳市高槐村

高槐村坚持美学赋能，以“艺术旌阳・焕彩城乡”美育提升行动为抓手，通过“美学+党建”“美学+教育”“美学+文化”等方式，将乡村文化、乡村环境、乡村旅游与艺术互动相融，让“美学经济”赋能乡村旅游，实现了二次激活，让村落的活力得到重新复苏。环球地景设计有限公司的设计师以“生态—村民—新农人—游人”为序对高槐村进行设计，以乡土扎根为目标，增强了村落里人、物、景的归属感。

2021 年，冀川创作的作品《色彩变奏》（如图 4-43 所示）布置在层层梯田的空间场域之中，让一组简洁有力、有一定节奏且色彩丰富的彩色圆弧线条在梯田上跃动，形成了一首变化丰富的变奏曲，寓意人们对多姿多彩美好生活的向往。

蒙志刚创作的《蝶恋花》（如图 4-44 所示），创作造型立意来自古代词牌《蝶恋花》，作品“在地性”含义的创意来源于现代曲名《在希望的田野上》，以大自然中的植物和昆虫为雏形，在风景如画的田野上用线构成形式创作了一个抽象、立体的“蝶恋花”形象。艺术家萧彬创作的作品《舞・彩》（如图 4-45 所示）创作源泉来自破土而出的嫩芽，根据植物生长的自然规律，用 24 个不同颜色、不同形态的抽象物体表现不同种子破土而出，寓意中华民族不屈不挠、冲破阻挠的艰苦奋斗精神。24 根舞动的“嫩芽”茁壮生长，象征中国传统的二十四节气，寓意新生、希望、青春、活力，表现出人们对丰富多彩的自然世界的追求和向往。

图 4-43 高槐村乡村振兴田园景观——冀川《色彩变奏》

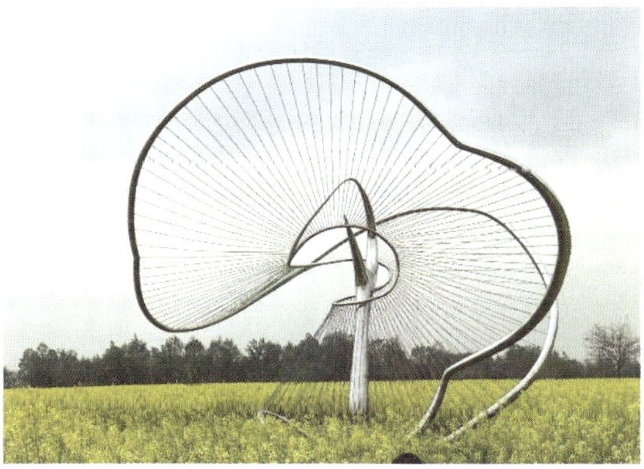

图 4-44 景观装置《蝶恋花》
（设计：蒙志刚）

图 4-45 高槐村景观装置《舞·彩》
（设计：萧彬）

3. 四川省都江堰市中国川西林盘非遗（马椅子）工坊

成都市都江堰市青城山镇的非物质文化遗产“青城马椅子”创作于清光绪年间，由建筑师刘卫兵主持设计的由竹艺坊、竹料坊、茶坊组成的，集研发、制作、观光于一体的“中国川西林盘非遗（马椅子）工坊更新”项目，以尊重当地自然人文、活力创新、非遗保护等为设计原则，借鉴具有上千年历史的川西林盘传统被动式节能设计策略，巧妙地营造出了一个具有舒适微气候和多样化的空间，对乡村建设的节能减排起到了很好的示范效应。作品荣获第十六届全球“可持续城市和人居环境奖”（SCAHSA 奖）大奖（如图 4-46 所示）。

4. 湖北省黄冈市黄梅县大河镇香炉山村

2022 年，东湖杉美术馆在湖北黄梅香炉山村举办了“草堆部落艺术季”活动，好舍空间设计的设计主创鲁杨及其设计团队参与其中。设计师利用当地家家户户经常用来清洗土豆所使用的竹编生活用品——“竹篓”，经过重新组合，设计了“Bamboo Star”竹灯艺术装置。在每一个竹篓中间都放置了一盏 LED 太阳能灯，每当入夜其就被点亮。“Bamboo Star”竹灯艺术装置与当地的稻田、竹林等自然和人文环境完美地融为一体（如图 4-47 所示）。

图 4-46　川西林盘非遗马椅子工坊（设计：刘卫兵）

图 4-47　湖北黄梅《Bamboo Star》竹灯艺术装置

5. 河北省秦皇岛北戴河阿那亚儿童农庄

由上海张唐景观设计事务所进行改造设计的秦皇岛北戴河阿那亚旅游度假村，根据沙丘变密林、荒滩变农庄的发展历史，将《山海经》的理念引入现代度假胜地进行设计，营造了一个山海乐园，不仅给亲子家庭提供了一个可以休闲放松的场所，还形成了一座蕴含科普互动功能的科教乐园（如图 4-48、图 4-49 所示）。

6. 东莞东坑稻田儿童公园

东莞首个以稻田农耕文化为主题的儿童公园四周被城市包裹，形成城市中的“稻田童话”。东大（深圳）设计有限公司在改造设计时，将多个景观装置布置在稻田中间的环形竹木栈道上，其中彩色廊架用线状钢架作支撑骨架，廊顶由 12 种不同颜色的圆形亚克力板组成，与环形稻田栈道、方形稻田基底、横向道路、纵向水沟等景观元素相呼应（如图 4-50 所示）。

图 4-48　阿那亚儿童农庄“海星”蔬菜种植池

图 4-49　阿那亚儿童农庄的“鱼骨”廊架装置

图 4-50　东莞东坑稻田儿童公园的彩虹长廊

7. 重庆市《今年夏天》

2022 年 8 月，重庆市多地发生山火，消防战士、部队官兵、外卖骑手、学校老师……纷纷冲到一线参与救援。作品《今年夏天》灵感源自当年夏天发生的那场山火，使用了木、石、竹、土材料，将本年度当地百姓抗击山火的共同记忆，熔铸成通往山火决战的线形田路，象征顽强的新生命的开始，从空间上向在每一次危急时刻奋不顾身前去救援的无数平凡而伟大的英雄致敬（如图 4-51、图 4-52 所示）。

图 4-51 《今年夏天》纵向一角（作者：张朋）

图 4-52 《今年夏天》横向一角（作者：张朋）

【任务训练】

1. 训练目的

掌握乡村景观立体空间造型设计中点、线立体形态的要素，为乡村景观三维立体模型设计作铺垫。

2. 教学方法

（1）学生课前预习，并准备课堂动手实践所需材料和工具。

（2）列举中外著名的点、线立体造型案例，讲解点、线立体构成。

（3）选出部分有代表性的作品，让作者介绍作品的创意亮点及设计思路。

（4）学生互评作品。

3. 训练内容

分组运用点、线立体构成完成点、线立体造型设计与制作。

4. 训练要求

（1）用点、线立体构成原理进行设计制作。

（2）多种材料自选。

（3）单色或多色彩不限。

（4）尺寸大小为四开。

（5）设计符合主题有创意。

5. 评分标准

（1）比例尺度（10%）。

（2）色彩关系明确，色调和谐统一（15%）。
（3）造型完整，布局合理（25%）。
（4）主题突出，造型优美有创意（30%）。
（5）具有一定的艺术审美（15%）。
（6）画面整洁，符合作业要求（5%）。

项目四任务3　农业景观中的点、线立体造型设计

任务4　面材设计与制作

一、面立体构成

（一）面立体的概念

面立体是一种可以对空间进行限定的立体构成方式，曲面或平面空间是面立体的两种体现形式。因为面立体可以展现各种形式的状态，所以空间的限定及构成也可以展现出多种形态。

面立体形式多样，可以分为几何形面和自由形面，在设计时合理运用好面立体所具备的构成因素和造型特点，可以营造出形式丰富、变化多样的空间形态（如图4-53、图4-54所示）。

图4-53　成都欢乐田园/国色天香雕塑——面立体造型（李温喜　摄）

图4-54　中国·成都天府农博园/道明村竹编雕塑面立体造型（康国珍　摄）

（二）面立体的作用与特点

（1）合理分割空间，增强实用功能。

（2）具有归纳性、整体性。

（三）面立体的制作方法

（1）面的层排。面材比较薄，空间占有量少，体量感弱。通过较多面材的堆积、叠加可以得到具有一定体量的体块。利用面材重叠间距空间的可变性，按一定比例有秩序、有规律地排列，就是面的层排构成方法。

（2）连续面的造型。面被折叠、弯曲、旋转、翻转，即可成为自由的或有秩序的，且具有连续意义的形态。

（3）单元面的组合造型。这是指通过单元面（如形状、大小的重复或渐变的方式）进行平行排列、纵向排列以及自由组合排列产生的形态。

（4）插接结构。将两块及两块以上面材分别进行局部切割后，通过切割口相互插接在一起，可以形成比较稳定的面立体结构，这样的方法称为插接结构。这种结构便于拆装。

（5）折板结构。在平面上作平行线，每隔一条线折成凸起或凹陷、高低起伏的形态，便成为简单的折板结构，如折纸扇。

面立体作品如图 4-55、图 4-56、图 4-57、图 4-58、图 4-59、图 4-60、图 4-61 所示。

图 4-55　作者：赵花　盛琪（指导：康国珍）

图 4-56　作者：郑植　尹波（指导：康国珍）

图 4-57　作者：李华阳　范鈺（指导：康国珍）

图 4-58　作者：王苓巧　宋巧英（指导：康国珍）

图 4-59　北京宋庄镇小堡村微景观墙面设计

图 4-60　道明编艺村景观廊亭（李温喜 摄）

图 4-61　意大利 Canales 农庄

【任务训练】

1. 训练目的

研究立体构成面材表现形式，训练学生掌握组合和混合的造型手段。

2. 教学方法

（1）学生课前预习，并准备课堂动手实践所需材料和工具。

（2）以建设美丽乡村设计艺术品为切入点，讲解面材的构成形式。

（3）学生动手实践，教师因材施教，为不同学生的作品提供修改意见，帮助学生诠释作品思想。

（4）由教师选出部分作品，让学生介绍作品的创意亮点及设计思路。

3. 训练内容

分组运用各种材料设计制作面材构成表现形式的作品。

4. 训练要求

（1）用立体构成的原理进行面材设计。

（2）多种材料任选一种。

（3）单一色或多色彩不限。

（4）尺寸大小为 8 开。

（5）设计符合主题，有创意。

项目四任务 4　乡村景观中的面立体设计

5. 评分标准

（1）比例尺度（10%）。

（2）色彩关系明确，色调和谐统一（15%）。

（3）造型完整，布局合理（25%）。

（4）主题突出，造型优美有创意（30%）。

（5）具有一定的艺术审美（15%）。

（6）画面整洁，符合作业要求（5%）。

任务 5　块材设计与制作

一、块的立体构成

（一）块立体的概念

块立体是三维空间造型设计中最基本的表达元素，是在三维空间中有长、宽、高，有重量、有体积，有立体感、空间感和体量感的封闭实体形态，如石块、建筑物等（如图 4-62、图 4-63 所示）。

图 4-62　重庆雕塑《绽放》（李温喜　摄）

图 4-63　景观块立体造景（李温喜　摄）

（二）块立体的视觉特征

（1）占据三维空间，产生强烈的空间感，丰富空间造型。

（2）相对于点立体、线立体和面立体，块立体更具重量感、充实感。

（3）具有稳重、秩序、永恒的视觉感受。

（4）不规则块立体具有亲切、自然、和谐的感觉。

（5）块立体表达特殊情感语义时与其体量有关。

（三）块立体的分类

块立体可分为几何平面体、几何曲面体、自由体和自由曲面体。

（四）块立体构成方法

1. 切割削减

块体切割消减是指对整体形体进行不同形式的挖切、分割等，去除多余的形体部分，呈现出所要表达的形体。这种造型方法是通过对已存在的形体进行增加凹凸或减少凹凸来创造新造型的切割削减处理方法。

2. 组合添加

组合添加是对已有基本造型单位进行构成组合，如集合体、现存物品、废弃物品等，创造出新造型的一种造型手段。通过对现成物体单体进行有目的的挑选、构思、设计、组合，将众多原单体失去的独立内容组合成统一的符合主题造型的形体。通过不同形式的组合，可以丰富原有形态，还能增强原有形态的体量感，增强立体视觉效果。

3. 变　形

变形的目的是让立体形态更为丰富，使简单形态变为复杂的形态，如扭曲、膨胀、压缩等。

（五）块立体构成形式

1. 方块的组合

方块具有较强的稳定性，因此组合的重点应放在表现秩序感和韵律感上。

2. 球体的组合

球体的多面性使它成为块材组合中最丰富的一部分，可以将角体的动感、方块的量感综合在一起。

块立体作品如图 4-64、图 4-65、图 4-66、图 4-67 所示。

图 4-64　作者：杨雅婷　黄莎
（指导：康国珍）

图 4-65　作者：杜华川　刘元林
（指导：康国珍）

图 4-66　作者：罗恒　李佳琪
（指导：康国珍）

图 4-67　作者：彭诗敬　王定悦
（指导：康国珍）

二、农业景观中的块材立体设计

在农业景观设计中，可以使用的块材极为丰富。福建省的千年古村黄厝在乡村振兴之际成立了文化产业园，通过“修旧如旧”的方式对传统的老房子进行了修缮，引入农创文旅项目，打造“艺匠小镇”，吸引广大艺术家入驻，并打造了乡村文化品牌（如图 4-68 所示）。图中的人物雕塑就是块材。图 4-69 中艾米农业文旅小镇 Object Ⅲ 之中的“节气之轮”中心塔的设计灵感，来源于中国传统农业文化中的二十四节气，塔身用二十四节气的文字清晰地展现出节气的元素，与十二面回旋之境相呼应，进一步强化了“节气之轮”的主题。该塔是农业文化的精髓，既是装饰之塔，又是文化传承之塔。

图 4-68　福建省黄厝村艺术家雕塑工作室　　图 4-69　艾米农业文旅小镇 Object Ⅲ“节气之轮”塔

木质水车（如图 4-70 所示）是公园复耕改造工程中建造的，既起到了真实的灌溉作用，成为当地很好的装饰块材，还引起了大众对传统文化和技艺的回忆。图 4-71 中有一组彩色的几何形石块艺术装置放置在乡村草坪上，其设计灵感来源于中国传统文化的“点石成金”寓言，将看似平凡无奇的石头变为珍贵的“黄金”。

图 4-70　金华湖海塘公园复耕改造工程鸟瞰图

《丽丝的桥》（如图 4-72 所示）作为 2019 年成都国际非遗节上一项合作成果，由六位东南亚艺术家与道明手艺人共同创作。《爱丽丝的桥》在形态上独具匠心，通过巧妙的排列与组合，以竹椅子为元素搭建起一座既牢固又美观的桥梁，将传统竹编技艺与现代艺术理念巧妙融合，展现了非凡的创意与精湛的技艺。作品展现了多元文化的和谐共存与创新发展，在视觉上更加引人入胜，具有极高的艺术价值和文化内涵，是一件集文化、艺术、实用于一体的竹编设计作品。

图 4-71　德阳《点石成金》(库德尔)

图 4-72　成都市道明竹编《丽丝的桥》

三、农业景观中的立体构成设计

立体构成在农业景观中的应用，极大地丰富了农业景观的视觉效果，提高了农业景观的美学价值。通过立体构成，农业景观不再是简单的生产空间，还是具有艺术美感和文化内涵的景观。通过立体构成的手法，将农业元素，如植物、水体、建筑、雕塑等，按照一定的美学原则和功能需求，组合成具有三维空间感的景观形态。这种设计手法不仅提升了农业景观的美学价值，还增加了农业景观的功能性和实用性。

(一)成都微藻实验花园——Grinch's 花园

在 2023 年的成都花展上，成都澳博景观设计有限公司和四川古禾景观工程有限公司联合参展，成都澳博景观设计有限公司设计并构建了一个可观、可触、可游、可感的微藻主题实验花园——Grinch's 花园(如图 4-73 所示)。该作品以固碳技术为核心，外围用可降解材料夯土做出沙漠化的丘陵，内部打造了六个以睡莲和莲蓬两种水生植物为主的自然水体景观，通过水平和垂直纵横交错的绿藻管道运转系统，以及长效花境植被的搭配等共同组成一个沙漠绿洲，打造出一个以绿藻为主题的生态化、场景化、艺术化的景观花园，寓意人类与自然和谐共生。

图 4-73　2023 成都花展的微藻实验花园(设计：澳博景观)

（二）未来农业图景——广东省广州艾米未来农业文旅小镇未来农业景观

2020 年，加减智库设计事务所（PMT Partners Ltd.）的设计团队以所有环节都未来化（“Future All”）的理念对广州从化风云岭森林公园农业园进行设计（如图 4-74 所示）。入口处是由线构成的超大翅膀建筑作品 Object Ⅵ——“希望之翼”（如图 4-75 所示），采用钢结构组成一个向上生长的造型，寓意蓬勃的生命力和美好的未来的发展前景。

图 4-74　艾米未来农业文旅小镇

图 4-75　Object Ⅵ 入口大门航拍

由矩形镜面和圆形拱门组成的 Object Ⅰ——“时光之门”建筑（如图 4-76 所示）采用了 LED 照明、智能感应等先进的建筑材料和技术，富有象征性，寓意穿越时空的通道，引领游客进入一个全新的、充满科技感和生态美的农业文旅小镇。由巨大的圆环装置中心方塔构筑的 Object Ⅲ——“节气之轮”（如图 4-77 所示）有十二面回旋之镜，可以返照成为十二扇

图 4-76　Object Ⅰ 晚稻季航拍图

图 4-77　Object Ⅲ 早稻季航拍实景

时间之门，从不同的角度和位置展示不同的节气元素。内部设置的灯光和投影设备，用光影的变化来模拟节气的流转，通过动态与静态相结合讲述中国传统二十四节气的流转和更替轮换，引导游客感受时间的韵律和自然界的神奇。

（三）温州最“野”梯田——上古田园

位于浙江省温州市泰顺县上岚村和国岭村交界处的上古田园，在 2020 年 10 月由亿联集团统一流转，并以《山海经》神话为主题进行打造，赋予田园新的生命（如图 4-78、图 4-79、图 4-80 所示）。

图 4-78　上古田园梯田景观

图 4-79　上古田园藏在山里的石头小屋

图 4-80　上古田园上古原始人头像雕塑

（四）越南芽庄市田野小筑景观

建筑师 a21studĩo 希望通过船只这一历史记忆符号来定格曾经的过往，于是在“通过建筑追求自由”的理念下，设计了绿色乡村景观作品——田野小筑，利用当地的竹、木等材料完成。该景观构筑物矗立在村民日常通行所用的交通要道上，和我国的廊桥一样，既可以给在田野中劳作的乡亲们遮阴挡雨，还可以供休息和观赏，朴实而自然（如图 4-81、图 4-82 所示）。

图 4-81 越南田野小筑景观实景一角（设计师：a21studio）

图 4-82 越南田野小筑景观河边实景一角（设计师：a21studio）

【任务训练】

1. 训练目的

研究立体构成体块构成模型的材料及工艺，训练学生掌握设计技巧与模型制作工艺。

2. 教学方法

（1）学生课前预习，并准备课堂动手实践所需材料和工具。

（2）以小组为单位动手设计实践，教师提供修改意见。

（3）小组代表讲解自己作品的创意亮点及设计思路。

（4）教师点评作品。

3. 训练内容

分组运用不同材料设计制作块材构成表现形式的作品。

4. 训练要求

（1）用立体构成的原理进行块材设计。

（2）多种材料任选一种。

（3）单一色或多色彩不限。

5. 评分标准

（1）比例尺度（10%）。

（2）色彩关系明确，色调和谐统一（15%）。

（3）造型完整，布局合理（25%）。

（4）主题突出，造型优美有创意（30%）。

（5）具有一定的艺术审美（15%）。

（6）画面整洁，符合作业要求（5%）。

项目四任务 5　农业景观中的块材立体设计

【命题创作】

以乡村振兴为主题的构成艺术形式

1. 作业内容

用艺术装点乡村，在保留乡村风貌原汁原味的基础上，利用村民的闲置物品或乡村特有的自然物（花、草、木、石等），美化乡村公共环境，通过立体构成将其进行艺术转变，形成视觉形式的“美丽乡村”装置艺术。

2. 作业要求

（1）利用村民的闲置物品或乡村特有的自然物（花、草、木、石等）通过立体构成将其设计成美丽乡村的公共环境装置艺术。

（2）材料不限，色彩不限。

（3）清晰表达设计意图（100 字以内）。

（4）先绘制 2 ~ 3 个设计稿，然后进行结构模型制作。

（5）检查创意的新颖程度、制作的精准程度和文案的完整程度。

3. 评分标准

（1）创意新颖（40%）。

（2）制作精良（50%）。

（3）综合表现（10%）。

案例一：成都市温江区天星村寿安花木的编艺之美

“天星村寿安花木编艺”是一种民间手工艺术，被誉为“有型的诗、具象的画、有呼吸的雕塑、有生命的建筑”。当地有耐心、超细心的编艺能工巧匠们根据植物材质和生长情况，用技术和艺术手段把植物形态与设计的主题元素进行融合，用一双双巧手和一件件工具进行艺术加工，使当地的紫薇花、桂花等植物化茧成蝶，形成了丰富多彩的造型。

天星村是四川省的“花木之乡”，温江区寿安镇则是集民俗文化、花木、编艺文化于一体的乡村旅游“编艺小镇”，荣获“中国民间文化艺术之乡”。当地丰富的植物景观资源让大家在感受神奇“指尖艺术”的同时，既可以增长植物科普、编艺文化相关知识，又可以提高审美水平，陶冶情操。寿安花木编艺用艺术美化环境，用勤劳追求自己的幸福生活，现已成为乡村振兴的典型代表（如图 4-83 所示）。

图 4-83　天星村寿安花木的编艺之美（康国珍　摄）

案例二：幸福公社的墙上艺术博物馆

成都幸福公社位于四川省成都市大邑县青霞镇的生态宜居社区，是全国第一批“星创天地”、全省乡村旅游创客示范基地、成都市科技创业苗圃、成都市巾帼创新创业示范基地。建筑风格以川西民居为主，强调质量与品质，就地取材，融合传统与现代元素，营造出一种传统与现代相结合的美学氛围。社区内部聚集了创客基地、农产品创客中心等机构，整合了大量文创机构和设计单位，为农业赋能，形成了自循环的生态产业式社区。

幸福公社的墙不只是墙，还是艺术品。墙的材料千奇百怪，造型千姿百态，韵味千回百转，质量千锤百炼。修墙用的材料不一般，把老物件纷纷砌进墙里。城砖、房瓦、泡菜坛子、磨盘、青花瓷等各种各样的物品，巧妙地镶嵌在墙上，成为一件件新的艺术品。历史的老材料修成了新建筑，化腐朽为神奇；中国的古文化装点了新生活，助老树开新花。幸福公社用艺术点亮生活，用善良追求幸福，帮助人们回到生活最初的样子：守望相助，善心相连（如图 4-84 所示）。

图 4-84　幸福公社墙上艺术博物馆（康国珍 摄）

项目五

平面设计与表达（手绘）

学习目标

1. 通过学习，学生能从理论到实践，逐渐认识、掌握平面设计理论和技法。

2. 培养学生的综合设计能力、创造性思维能力以及文化修养，使学生能够综合运用所学知识，独立完成平面作品的创意与设计。

素养目标

1. 能够和同学建立良好的合作关系，达到全面发展的目的。

2. 增强口头及海报设计表达能力。

3. 学习如何用设计推广乡村农产品。以创作取材为切入点，引导学生学习并热爱中国乡土文化，弘扬中国精神，传播中国文化。

4. 充分将设计命题与中国传统乡土文化的美德相结合，展现文化自信。

案例导入

一、福田繁雄

（一）认识设计师

日本的福田繁雄（Shigeo Fukuda）是世界三大平面设计师之一，被誉为“五位一体的视觉创意大师”和“平面设计教父”。福田繁雄精通现代感知心理学，追求“创造愉快的视觉沟通”，以创意图形为原点，用理性的形式、感性的效果呈现自己的作品。福田繁雄认为“所有作品创作核心都是以视觉感官为前提来进行思考的”。他善于使用视幻觉来创造一种怪异的情趣，创作的招贴画等作品多富有幻想，且令人着迷，也使他成为国际上最引人注目和最具个性的大师。他的设计理念及作品享誉世界，对平面设计界产生了比较深远的影响。

（二）作品评述

福田繁雄创造了“与环境亲和的多义设计”风格，引导观者从不同的空间位置去发现、阅读、理解作品。1987 年，在福田繁雄招贴展的招贴设计中（如图 5-1 所示），福田将静止坐在台前的人的四个不同视角的状态，表现于同一画面中，用单纯的线、面造成空间的穿插，大面积的黄色与人物黑色剪影对比，使整个画面产生强烈的视觉效果。这种空间意识的模糊化，在视觉表现上具有多重意义。

在 1975 年为日本京王百货设计的宣传海报中（如图 5-2 所示），福田繁雄用“正倒位图底反转”的手法，将男人和女人的腿进行重复交错排列，黑色“底”上是白色的女性的腿，白色“底”上是黑色的男性的腿，黑白两色、正负形关系对比方式的巧妙利用，使腿实现上下重复、并置交错、虚实互补，呈现出有趣的互生互存的视觉效果。

在 1975 年设计的《1945 年的胜利》海报（如图 5-3 所示）中，福田繁雄以类似漫画的表现形式来传达反战理念。该海报用一种简洁、诙谐的图形语言，以高纯度的黄色作为背景来代表一种警示含义，用黑色描绘一颗子弹反向飞回枪管的形象，暗喻发动战争者自食其果、玩火自焚，其含义深刻，令人深思。

1984 年设计的《UCC 咖啡馆》海报（如图 5-4 所示），福田繁雄采用了“放射状图底反转”的手法，以搅拌咖啡时杯子里面所形成的漩涡为设计元素，将众多拿着咖啡杯子的手这一形态进行螺旋状重复并置排列，形成正负纹理交错的造型，且呈现出主题图形相互回转展开的动态意味，在凸显咖啡主题图形的同时，又能传达出幽默的情趣。

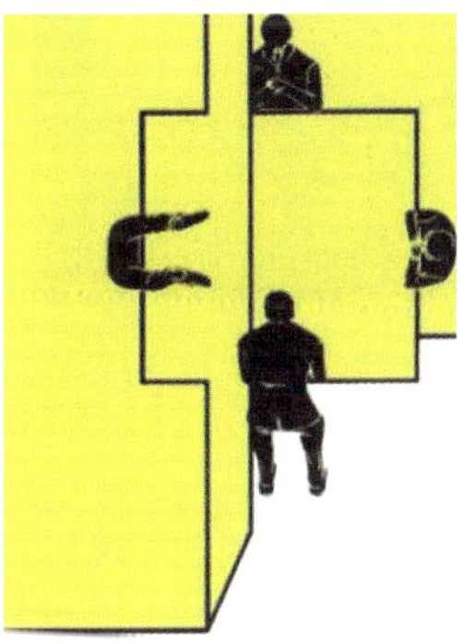

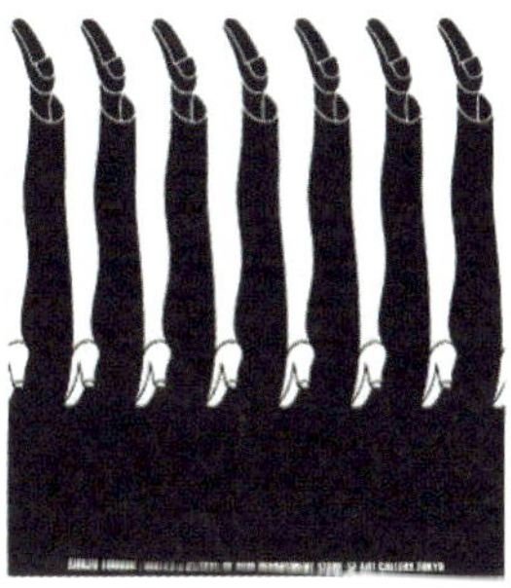

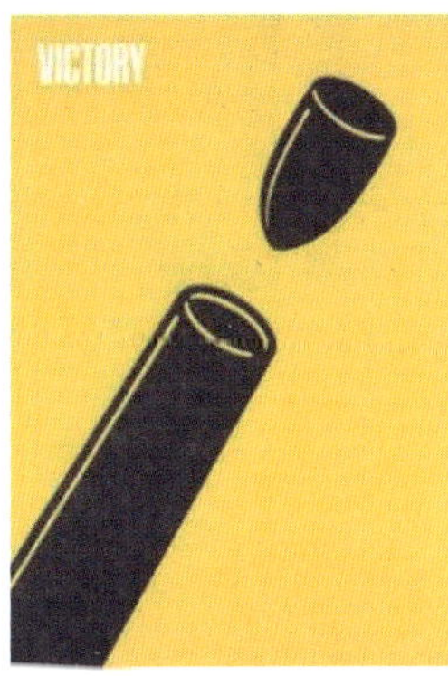

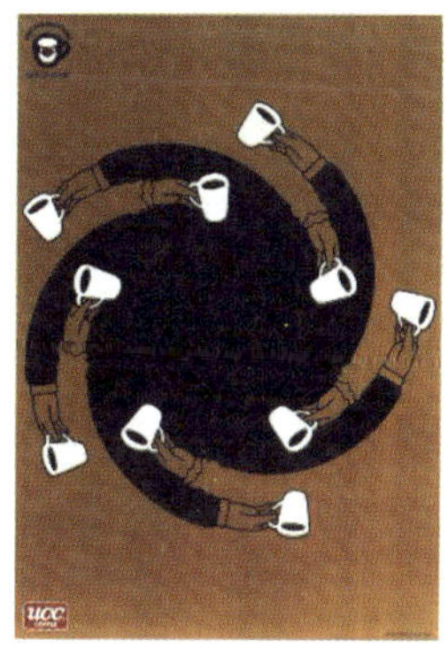

图 5-1 福田繁雄招贴展 图 5-2 京王百货宣传海报 图 5-3 《1945 年的胜利》图 5-4 《UCC 咖啡馆》

二、冈特·兰堡

（一）认识设计师

冈特·兰堡（Gunter Ram bow），世界三大平面设计师之一，1974 年在德国卡塞尔大学任平面设计专业教授。兰堡在 30 年职业生涯中创作了上千幅作品，多幅招贴画多次在国际艺术大展和双年展上获奖，并被多国的博物馆等机构收藏和展览。冈特·兰堡认为：“诗、艺术和文学是人们每天都能感受到的，它无处不在，人们只要去观察它就能发现它。”他把设计创作当成诗歌进行雕琢，并力图让自己的设计作品在满足视觉传达基本功能的基础上，充分表现个人的艺术思想、意识观念和形态立场。他更加强调自我意识和对生活的领悟，在视觉效果上追求视觉冲击力，强调平面效果的突破。

（二）作品评述

1. 土豆系列招贴

冈特·兰堡始终坚持把握时代的脉搏，走在设计的前沿，善于将生活中常见的物品作为自己设计创作的元素，以实物作为视觉语言。比如，土豆经过他的艺术加工后就多了象征含义。土豆当时在德国的农业产业和文化领域中占有重要的地位，因为它帮助人们度过了一次又一次饥荒。兰堡充分发挥其奇特的想象力，将对土豆特殊的感情融入设计作品之中。他的土豆系列招贴将土豆“玩”到极致，把土豆进行深度分裂并上色，然后在平面上展示出别样的空间效果，使得平凡的土豆获得超乎寻常的视觉冲击力（如图 5-5 所示）。

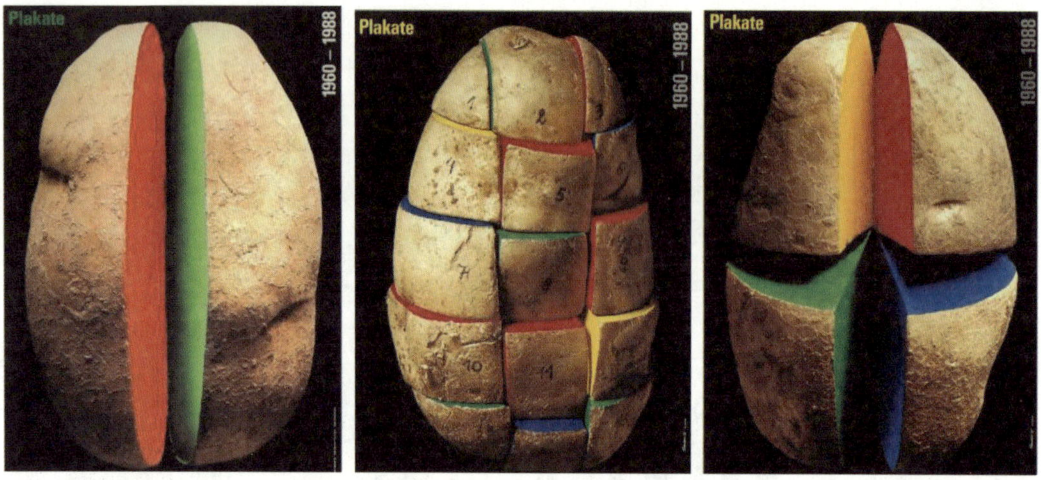

图 5-5　在威斯巴登博物馆展出的土豆系列招贴（冈特·兰堡）

2. 书籍系列招贴

兰堡每年至少为 S·费舍尔出版社设计一幅招贴，在书籍系列作品中展现各种形态的书籍，给人带来广阔的想象空间。书被手握住，传达了把握知识就拥有力量的设计理念；书上有一只手捏笔写字，传达了书的文学意味，以及书一本一本出版的过程；书上开窗，表述书籍是一种发光的能源，象征着知识之窗；书中有一盏亮着的灯泡，传达了书籍能给人带来光明和希望的寓意（如图 5-6 所示）。

图 5-6　费舍尔出版社的招贴——书籍系列（冈特·兰堡）

三、Marija Tiurina 艺术家笔下的农产品创意设计

英国伦敦的插画家 Marija Tiurina 从平凡中发现不平凡，利用水彩和卡通人物的表达方式，用拟人的艺术手法绘制了一组以蔬菜、水果形态为原型的卡通人物，赋予色彩斑斓、形态各异的果蔬新性格、生命和灵魂，通过自己的想象力和创意给大众诠释了果蔬全新的一面，让人们重新审视日常生活中的果蔬元素，发现其中蕴含的无限可能和美好寓意。Marija 通过细腻的笔触和丰富的想象力，运用色彩和线条来表现果蔬的形态和质感，同时将各种果蔬描绘成具有不同性格、年龄和表情的人物形象，让这些形象变得生动鲜活，令人印象深刻。

例如，石榴被描绘成一个傲慢的红头发女孩（如图 5-7 所示），南瓜化身为戴着老花镜沉思的老奶奶（如图 5-8 所示），紫色花椰菜则变成了一个高冷的老头（如图 5-9 所示）……她不拘泥于传统的绘画方式和题材，敢于突破常规，将日常生活中的果蔬元素与创意插画相结合，注重形似与神似两者的融合，创造出独具特色的艺术作品。她的作品通过独特的视角引发观者的共鸣和联想，给大众传递了一种积极向上的生活态度和审美追求，让人感受到生活的美好和趣味（如图 5-10、图 5-11、图 5-12、图 5-13、图 5-14、图 5-15、图 5-16、图 5-17 所示）。

图 5-7　傲慢的“石榴”

图 5-8　沉思的“南瓜”

图 5-9　高冷的“紫色花椰菜”

图 5-10　深情的“西瓜”

图 5-11　一脸狐疑的“无花果”

图 5-12　老奶奶版“荔枝”

图 5-13　高雅女士版“火龙果”

图 5-14　神神秘秘的“酸浆”

图 5-15　好奇的“刺角瓜”

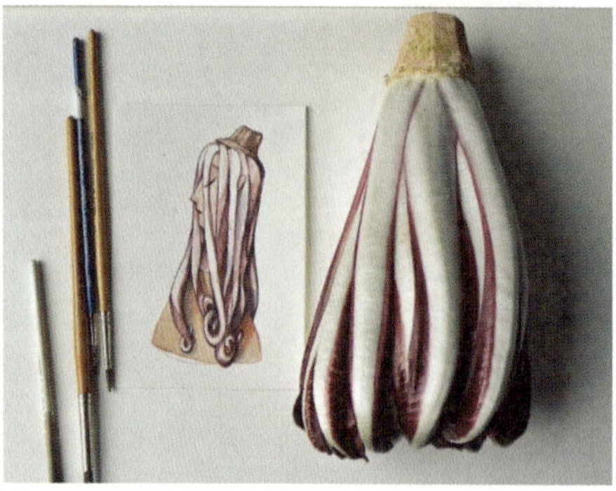

图 5-16　忧郁的“紫色莴苣”

图 5-17　忧伤的“杨桃”

任务1　平面设计与表达基本认知

一、手绘概述

手绘是通过绘画的手段形象而直观地表达设计构思和意图的一种绘画方式，是设计师必须掌握的一项专业技能。

手绘表现作为园林、环艺、装饰、平面设计等专业的必修课程，在各设计领域占有非常重要的地位。手绘表现可以帮助设计师快速记录瞬间灵感和思维，形象地表达设计师的设计意图，及时将设计理念呈现在客户面前，从而拉近设计师与客户之间的距离。

二、手绘的特点

（一）准确性

准确性是图纸表现的生命线，在对物体的比例、尺度、结构、构造等进行表现时必须符合设计的造型要求，不能脱离客观现实的实际体量，更不能随心所欲地改变其形体和空间。

（二）真实性

手绘造型表现要符合客观规律，尤其是在进行透视表现时，要遵从透视学和色彩学的基本规律与规范，真实、合理地处理好主体的光影、色彩等特性，营造出真实的空间效果。

（三）说明性

通过平面、立面等图纸表达对象的特性时，需要明确表示相关主体的尺寸、质感、色彩等特点。

三、手绘的重要性

手绘效果图表现技法是设计从业人员必备的专业技能，比较直接和灵活。通过手绘快速表现，设计师可以高效地将自己的设计理念和意图以图文形式传达给客户，并随时根据灵感和想法进行调整和修改。与计算机效果图表现相比较，手绘表现虽然不够标准和规范，但能快速让客户直观而形象地理解设计意图，艺术风格和个性化特点更为突出。

四、怎样提高手绘能力

手绘易学，但提高较难，不但需要长期的技艺训练和积累，还需要丰富的理论知识支撑和较高的审美品位。任何一门学科都有其自身的规律，只有抓住规律，坚持多看、多想、多练，就能学好、学透、学扎实。手绘之精髓是创意，关键是要把握好六个字：比例、透视、色彩。

五、手绘表现基础

（一）常用工具与材料

工具的选择对包装设计手绘有至关重要的影响，工具并不是价格越高越好，而应选择适合自己的工具。这样，手绘过程中用起来就会得心应手。

1. 绘图铅笔

绘图铅笔按笔芯的硬度划分为 13 个等级，以英文字母 H、B 来区别。其中 H 表示硬，B 表示软，硬度分为 H ~ 9H，数字越大，硬度越强，颜色越淡；软度分为 B ~ 6B，数字越大，软度越大，颜色越重。

绘图铅笔对纸张硬度与绘图用力程度非常敏感，并能由此产生出丰富的黑、白、灰变化效果，而本书主要运用绘图铅笔进行前期草图的勾画（如图 5-18 所示）。

图 5-18　铅笔

2. 针管笔（绘图笔）

针管笔的粗细、型号多样，一般针管笔管径有 0.05 ~ 3.0 mm 及 BRUSH 软笔等 11 种不同的规格。针管笔可以画出变化丰富的线条，相较绘图铅笔与自动铅笔而言，它更易于表现画面和易于设计师熟练掌握，所以成为手绘表现中最常用的工具（如图 5-19 所示）。

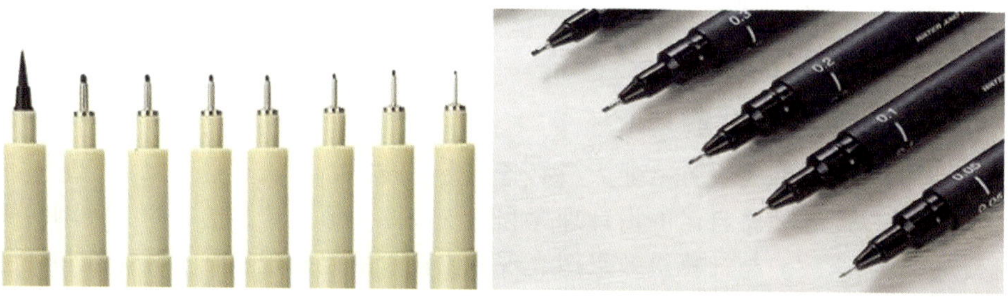

图 5-19　绘图笔

3. 马克笔

马克笔通常用来快速表现设计的效果，具有色彩丰富、容易着色、成图迅速、易于携带等优点，深受设计师的喜爱，广泛应用于效果图的绘制中。但对于包装设计手绘来说，马克笔的弊端也比较明显，如不能深入刻画细节等。马克笔分为水性马克笔、油性马克笔、酒精性马克笔（如图 5-20 所示）。

图 5-20　马克笔

4. 彩　铅

彩铅即彩色铅笔，是一种非常容易掌握的涂色工具，颜色多种多样，画出来的效果较淡，清新简单，大多便于用橡皮擦去。其由具有高吸附显色性的高级微粒颜料制成，具有透明度和色彩度，在各类型纸张上使用时都能均匀着色。有单支系列（129 色）、12 色系列、24 色系列、36 色系列、48 色系列、72 色系列、96 色系列等。彩铅分为水溶性彩铅和油性彩铅（如图 5-21 所示）。

图 5-21　彩铅

5. 绘图纸

绘图纸张的种类有很多，在手绘设计表现中，常用的有绘图纸、复印纸、硫酸纸等（如图 5-22 所示）。

（1）硫酸纸。硫酸纸又叫拷贝纸，表面光滑，耐水性差。由于其有透明的特性，因此可以方便地拷贝底图，但纸张上色会比较灰淡，渐变效果难以绘制。

（2）复印纸。复印纸价格便宜，性价比较高，渗透性适中，但不能在其上多次运笔。它是常用的手绘练习用纸。

（3）绘图纸。绘图纸渗透性较大，可以在其上多次运笔。

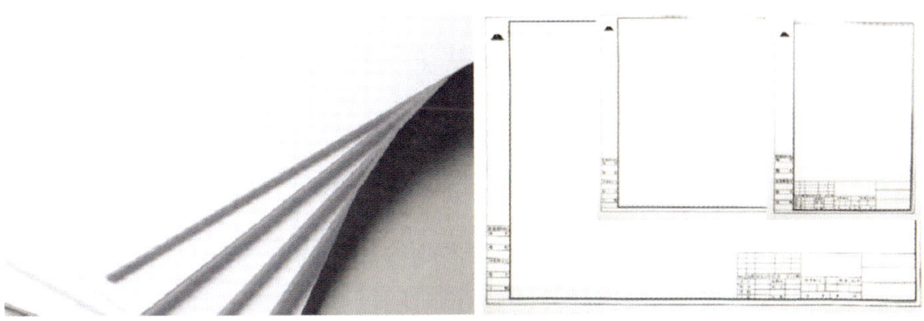

图 5-22　复印纸、绘图纸

6. 橡　皮

橡皮的种类比较多，建议大家准备软、硬两种橡皮，硬的一块用于清理细节，软的一块用于清除大面积。

（二）色彩的原理

1. 色彩的基本组成元素

原色、间色和复色是色彩理论中的基本概念，构成了色彩的基本组成元素。将这些元素进行组合，可以创造出丰富的色彩效果（如图 5-23 所示）。

2. 色彩的属性

色彩有色相、明度和纯度三种属性。色相是色彩的首要特征，是色彩的相貌，是区别各种不同色彩的标准。明度是指色彩的深浅，也就是色彩的明暗程度。纯度通常是指色彩的鲜艳度，也称饱和度（如图 5-24 所示）。

图 5-23　12 色相环

图 5-24　色彩的属性

3. 色彩的色性

（1）冷色：蓝色调是冷色系的主要来源，如蓝色、青色、绿色等。冷色调常常给人以距离感，让人产生冷静、凉爽的感觉。

（2）暖色：暖色系是由太阳颜色衍生出来的色彩，如红色、橙色、黄色等。暖色调常常给人以温暖、亲切、舒适的感觉。

（三）手绘姿势

1. 握笔姿势

写字时握笔较紧，手指较靠前，而绘画时握笔应较松，手指较靠后。作画时，以小拇指的第 2 个关节作为与纸的接触点，它的支撑点是关节一个点，而不是一条线或一个面。手臂要离画架差不多一个手臂的距离，这样才能舒展得开。

2. 坐　姿

作画时上身坐正，两肩齐平；头正、背直、胸挺起，胸口离桌沿一拳左右；左手按纸右手执笔；眼睛与纸面应该保持一定距离，不要长时间低头画，要时不时站起来观察，这样比较容易发现错误并及时改正。

3. 线条表现

线是重要的设计表达语言，其类型多样，按照形态可分为直线和曲线，按照绘制速度常常分为快线和慢线。画线时要控制好速度、长度、方向等细节，注意“眼先观，手后到”。

（1）缓慢抖线。缓慢抖线是以坚持整体小弯而求大直且平稳的方式，从一个起端向一个末端不断轻微抖动运线，以寻找正确方向的过程，其效果像水波纹一样带有震荡的效果，但并非波浪线。绘制线条时速度宜快，容错率高，也易于掌握，具有设计感。

（2）直线。直线是平面或空间沿着一定方向或其相反方向运动的轨迹，是不弯曲的线。绘制时，需要做到快、准、直。快慢不同、粗细不同的线条，表达的效果也不同。

（3）弧线。圆上任意两点间的部分叫弧，通过线的形式表现出来就是弧线。弧线能引导人的视线方向，可以表现出柔软、流动、平滑等效果。

【任务训练】

1. 训练目的

了解平面设计的基础理论知识和技能表达。

2. 教学方法

（1）学生课前预习。

（2）列举中外著名的平面设计作品，要求每小组简述一个。

项目五任务 1　色彩原理

3. 训练内容

收集整理中外平面设计作品图片与文字资料。

4. 训练要求

（1）图片不低于 10 张。

（2）每张图片配文字说明。

（3）形成 PPT 汇报。

任务 2　字体创意设计

字体是一种重要的图形符号，是传达知识和信息的重要载体。字体设计是探讨文字造型的理论和技术，主要研究按照视觉设计的规律对文字的结构、笔画等进行编排设计的学科。字体设计随着人类文明的发展而逐步成熟，目的是探寻和创造文字信息的视觉差异。按国别划分，字体有中文字体和外文字体。中文字体主要有宋体、黑体和圆体三种基本字体，创意字体是由设计师在基本字体基础上进行装饰、变形等艺术加工而来的。

一、创意字体设计概述

（一）字体创意概述

字体创意是突破传统的思维模式，从不同的角度、方位、途径去研究构成文字的基本造型、结构、笔画，以及表现形式和内容，然后运用人类丰富的想象力和创造力对字形进行重新组织，从而赋予文字新的感染力和精神内涵的活动。在确保文字表述准确的前提下，可以按照一定的构成法则，根据设计需要使用艺术表现手法进行创意，创造出具有视觉冲击力的文字形象。

（二）创意字体的特点

自由变化、灵活组织、想象丰富（如图 5-25、图 5-26 所示）。

图 5-25　作者：郭耀（指导：康国珍）

图 5-26　作者：邓飞燕（指导：康国珍）

（三）字体创意设计的准则

（1）准确性。设计前要充分了解文字的结构和内容，在进行字体创意设计时要能准确、清晰、明确地表达文字的内涵和意义。

（2）识别性。文字是一种可识读的符号，要从字体本身所含的内容出发进行设计，不管对文字的字形、结构、形态等怎么进行变化，设计出的新字体都要易于辨认，不能让字体失去其传达信息和阅读的基本功能。

（3）艺术性。文字是文化的重要载体，要注意将功能与艺术进行结合，赋予文字新的视觉感染力，让字体在形式上充分发挥其视觉艺术美感，提高文字的艺术价值。

（4）独特性。应从字的结构、形态特征与组合等方面进行深入探究，采用新颖的构思和形式多样的表现手法，创造独具特色的字体。

（5）图形性。文字是人类经过长期的生产、生活中产生并固化而来的，其来源就是图画。因此，可以把文字变成图像化的、可识读的符号语言。

二、创意字体的类型

（一）装饰字体

（1）空心。勾出文字轮廓，中心留白，再运用连接、重叠、透叠等平面构成元素。

（2）内线。在文字的笔画线条之中留出适当的空隙，借助线条的粗细、多少、位置等差异产生不同的感觉。

（3）断笔。用分解、剪切、错移、手撕、缺口等方法，对字体的笔画进行断开设计。

（4）虚实。利用网点和网纹的变化产生虚实相间的字体。

（5）单笔。“一笔成字”，复杂的字可以省略细节部分，但需保留原有面貌。

（6）折带。使字形如同用纸条或布条曲折而成。

（7）重叠。如笔画相互重叠、字与字重叠、常用特粗字体、后叠前、副笔叠主笔。

（8）链接。设计时选择字本身的连接部位，或用字与字之间的共同笔画进行连接，或重新组合，使字在形体上连贯成新的统一体。

（9）扭曲。写出宋体、黑体等字体原形，在字体所在“框内”画出合适的垂直与水平坐标线，再画出要变形的框，根据原框的位置在变形框内画出新字。

（10）模板。在硬纸或薄的金属板上剪刻，将镂空的部分喷印在物体上。

（二）形象字体

充分发挥想象力，在深刻把握文字本身内涵的基础上，将文字的字形和含义图像化、形象化。具体有添加形象化、笔画形象化、整体形象化、标志形象化等方法。其中标志形象化适合部分文字的造型变化，设计时要使字形、笔画的风格达到协调统一（如图 5-27、图 5-28 所示）。

图 5-27　作者：王伟羲（指导：康国珍）

图 5-28　作者：高莲鸥（指导：康国珍）

（三）立体字体

根据透视原理，从不同的角度，借助光线投射字体产生阴影，使字体在视觉上呈现出空间立体感。立体字体主要有投影字体、倒影字体、透视字体。

（四）书法字体

书法字体即利用书法艺术创造出的有书法美感的文字。书法字体可以自由伸展，不受方格的限制，可大可小、可高可低。

三、创意字体设计的方法

创意字体设计是对已知文字做新的组合和设计。首先要从不同的角度去观察，结合文字的含义，从文字的字形、功能、结构等方面深度剖析，然后用艺术手段去进行创造和表现，从而创造出富有个性和视觉冲击力的文字。字体设计要想得到好的创意效果，就需要突破传统的思维定式，避免思维的大众化。在实践中要把握先整体后局部的原则，先给文字定形，在字形整体框架确定之后，再进行具体细节的设计和细化。

（一）象形模仿设计法

准确把握文字的含义，根据字形特征，巧妙应用各种形象模拟文字要传达的含义，将文字转化为形象，从而设计出符合人的视觉需要和心理需求的文字。

1. 外形设计

突破传统格局，强调外形特点，让字体具有更大的视觉张力。根据设计需要，改变字体自身的大小、结构、形态等，或改变字与字之间的连接、间距、排列等方式，比较适宜正方形、长方形、扁方形、斜方形等字体的创意设计。而对违反方块字原有特征的圆形、菱形、三角形等字体进行创意设计时，要注意处理好可识别性问题，要谨慎使用。

2. 笔画设计

根据字体的形态、字义和笔画规律，对文字的部分笔画进行创意设计，使其表现形式能充分表达字义内容。在字体创意设计时，针对主笔画中的横、竖笔画的变化相对比较少，通常只会选择主笔画中的长、短、粗、细等方面做一些适当的变化。而重点放在点、撇、捺、挑、勾等副笔画上。比如，设计时可以对笔画进行连笔与断笔、共用分离、添加与省略、拉长与缩短、加粗与变细、化曲为直，以及错位、替换等变化。但不管怎么变化，都要注意按照一定的规律，追求整体协调统一，不能过分夸张，以免让改变后的字体不能传达其本身的含义，失去其该有的价值。

3. 结构设计

将文字的部分笔画通过夸大、缩小，或移动位置、改变重心等方式进行结构变化，或通过由简入繁、化简为繁的方法对部分笔画进行字体变化，使字体变得更加美观和统一，让文字在整个画面中显得更具吸引力。

（二）意向构成设计法

1. 同质同构

通过分析文字含义，结合文字原本的外形特点，巧妙使用另外一种与文字的含义、形态特征类似的形态来传达文字的意和形。其原理就如同“偷梁换柱”，就是将一个字或一个字的一部分笔画，或多个字的一个笔画或多个笔画换成某个与之类似的图形。

2. 异质同构

将两种或多种含义相同但结构不同的文字结合起来设计，使原来的字体形象因材质、结构的改变而变成新的视觉图形。可以充分发挥想象力，把概念形象化，结合文字的含义，利用不同的形态对字体进行重构。在使用异质同构手法时，需要按照形式美法则协调处理好字体构成的秩序。

3. 字义形象设计

在充分解读字体本身含义的基础上，用形象化的方式对文字进行创意设计，以表达文字的含义。通过联想等方式，用分离、拼合、增加、减少等手法，让字的内涵和字形实现合二为一，突出文字的视觉效果。如“少”字，可以减少其中的“点”的笔画来体现少的含义。

（三）书法创意设计法

1. 传统书法字体设计

中国传统书法历史悠久、内容丰富，有完善的书法技法和审美体系。传统书法被称为无言的诗、无形的舞、无图的画、无声的乐，具有独特的艺术价值，是字体创意设计不可替代的艺术形式。设计者首先要提高对传统书法的认识、理解、鉴赏水平，以充分吸收传统书法艺术成果精髓。只有找到传统书法艺术与设计内容能有机融合的构成条件，才能充分发挥传统书法的艺术魅力，提高书法创意字体的艺术性。设计时，可以运用传统书法艺术的基本技法，在保留篆书、隶书、楷书、行书、草书的字形、笔触与神韵的基础上融入新的元素和方法，结合字体“形”“意”用结合、置换、同构、共生、正负形、抽象与概括等方法进行创意设计。

2. 现代书法艺术字体设计

在进行字体创意时，要在吸收传统书法艺术精髓的基础上，将抽象绘画、图像创意、构成艺术等内容融入设计之中，通过对文字的造型、材质、色彩、构成等进行变化和创新，借助丰富的联想，用一些形象化的图形等展示文字的意象特点，让文字从具体的“形似”中脱离出来，用抽象的“意”传达文字的意蕴。

字体创意设计作品如图 5-29、图 5-30、图 5-31、图 5-32、图 5-33 所示。

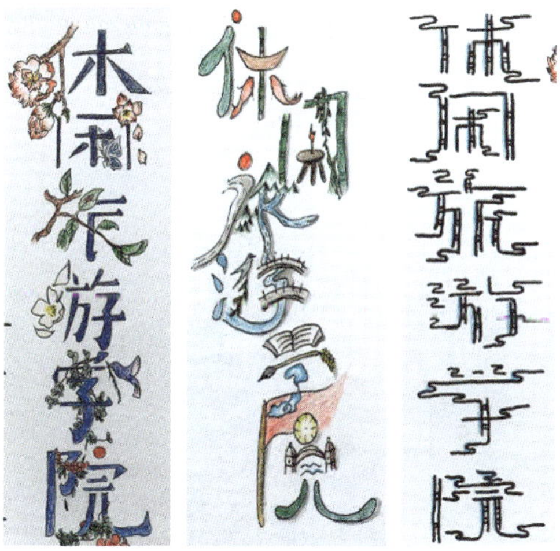

图 5-29　作者：李加洋 杨玉洁 张玲枝

（指导：康国珍）

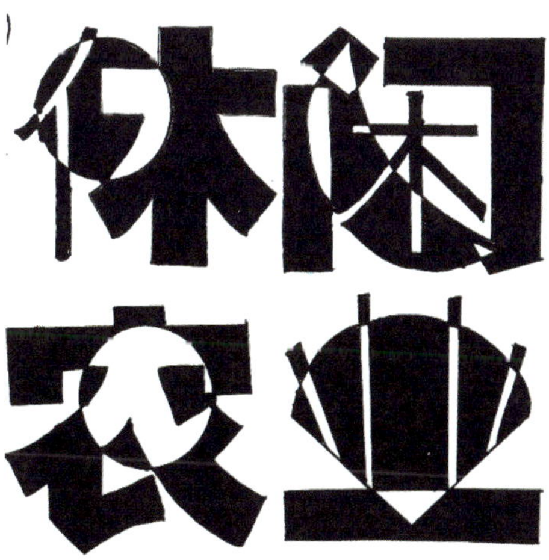

图 5-30　作者：陈丽

（指导：康国珍）

图 5-31　作者：郭耀
（指导：康国珍）

图 5-32　作者：龙丹
（指导：康国珍）

图 5-33　作者：谢佳
（指导：康国珍）

四、农产品字体设计案例

（一）果蔬乐园字体设计

果蔬乐园通过模仿、拟人等方式，为企业设计了人物形象，并以“快乐之源尽在果蔬乐园，邂逅蔬果的奇妙幻想曲，装满四季的清新与美味，邂逅每一份新鲜与甜蜜”等为主题进行了宣传海报设计。该系列海报设计将主题字母拟人化处理，使之扮演菜农、果农等角色，加上各种有趣的活动，显得俏皮可爱。整个设计色彩丰富，契合孩子们五彩缤纷的童年，旨在向孩子们传达进入果蔬乐园享受快乐体验的信息（如图 5-34 所示）。

图 5-34　装满四季（作者：黄佳琳 陈意涵　指导：刘钫）

（二）产品广告字体设计

2004 年，日本著名设计师广村正彰（Masaaki Hiromura）设计的字体《丸井 北千住 食遊館》既是文字，也是装饰图案。该设计把每个相关食物的字体里面的一部分用对应的食物图形来代替，使图文巧妙地结合，从而让汉字的图形表意功能也得到充分放大。例如，“茄”（eggplant）字里面有茄子的图形，“根”（root）字的木字旁用萝卜图形，“竹笋”（bamboo Shoot）字里面用了竹笋图形……使需要传达的信息一目了然，且生动有趣（如图 5-35 所示）。

图 5-35　《丸井 北千住 食遊館》广告文字（设计师：广村正彰）

【任务训练】

1. 训练目的

使学生掌握字体创意设计的方法，体验字体设计在平面设计中的艺术表达效果。

2. 教学方法

（1）学生课前预习，并准备课堂动手实践所需材料和工具。
（2）列举中外著名的字体设计案例，设计字体作品。
（3）选出部分有代表性的作品，让作者介绍自己作品的创意亮点与设计思路。
（4）学生互评作品。

3. 训练内容

运用字体设计知识完成创意字体设计。

4. 训练要求

（1）用字体创意设计方法进行设计。
（2）技法表达自选。
（3）单色或多色不限。
（4）设计符合主题有创意。

项目五任务 2 农产品字体设计案例

5. 评分标准

（1）比例尺度（10%）。
（2）色彩关系明确，与主题和谐统一（15%）。
（3）造型完整，布局合理（20%）。
（4）主题突出，有创意（35%）。
（5）具有一定的艺术审美（15%）。
（6）画面整洁，符合作业要求（5%）。

任务 3　图形创意设计

一、图形的概念

在《现代汉语词典》中，图形的意思是在纸上或者其他平面上表示出来的物体的形状。图形在视觉传达中起主要作用，是最为直观的一种设计要素。

二、图形的创意设计

（一）图形创意思维

1. 基本元素点、线、面

点、线、面是图形创意的基本元素，对点、线、面进行思维训练，用不同形态的点、线、面组成各种图形，会给我们带来不一样的视觉感受，有助于我们打开创意思维。

2. 图形的创意联想

从多个角度展开思维的联想，在进行创意设计时会有新的灵感产生。联想需要设计者积累一定的生活素材，这种创意能制造第一眼视觉类比冲击效果。常用到的联想方法有相似联想、相关联想、对比联想、因果联想。

（二）图形的组织

1. 比喻与象征

比喻、象征是图形设计常用的表现形式。比喻是以物喻物；象征是以物示意，侧重用具体的事物表达抽象的含义。比喻侧重本体与喻体之间具有外在的相似性；象征侧重本体和喻体之间具有精神内涵的共通性。

2. 夸张与强调

夸张是创作者为了表达一种强烈的思想感情而强调某一创意元素的突出特征，从而达到渲染的效果。可以在图形中做剪切、空白、虚化、放大、缩小等处理来表现夸张。强调是将对象加以改变、拉长或者压扁，突出对象某一局部，以呈现出特殊的视觉效果（如图 5-36、图 5-37 所示）。

图 5-36　夸张的形式

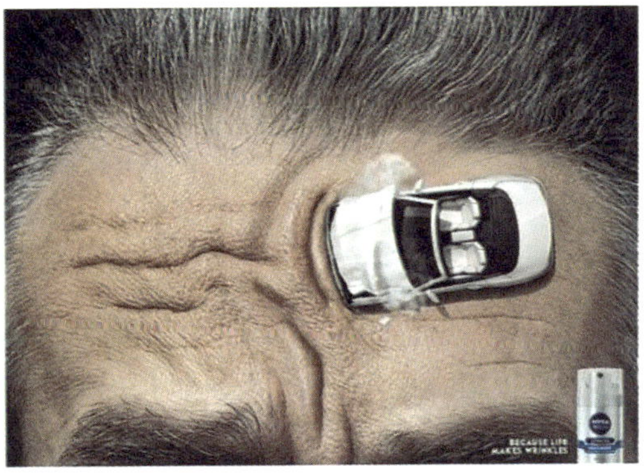

图 5-37　象征的形式

3. 拟人与寓意

拟人就是将一些非人类的物象赋予人类的思想、感情，或者用人类语言与行为来诠释一种现象。寓意则是寄托或者隐含地表达，把深奥的道理用简单的图形体现出来，具有一定的哲理性和讽刺性，多在公益广告中运用。一个作品中可能含有多种表现手法，拟人的图形设计会让人看起来感觉亲切，拉近商品与消费者的距离（如图 5-38、图 5-39 所示）。

图 5-38　高露洁牙膏广告（一）

图 5-39　高露洁牙膏广告（二）

（三）图形创意设计在乡村文创中的应用

1. 招贴海报

招贴海报以图形的创意与设计为亮点，以突出视觉冲击力和吸引力、高效传达商品信息为目的。图形作为一种视觉语言，比文字更有利于产品信息的传递，创作者应遵循视觉规律，把握观赏者的心理感受，利用好各种视觉元素，根据形式美法则进行设计（如图 5-40、图 5-41 所示）。

图 5-40　手绘海报（作者：高莲欧　指导：康国珍）

图 5-41　手绘海报（作者：贾伊琳　余晓雨　指导：康国珍）

2. 标识设计

标识设计是一种图形创意艺术，往往由图形与字母、文字组合而成，以图形创作为设计重点，强调用艺术性去诠释某种物品或者理念（如图 5-42 所示）。

图 5-42　标识设计（作者：米文凤 龙丹 陈佳慧 指导：康国珍）

3. DM 单

DM 单也叫“直接邮寄广告”，通过邮寄、赠予的形式，将宣传品送到消费者手中。DM 单的图形设计要根据受众的群体去进行针对性创意，让人耳目一新，同时又能抓住其心理需求，达到宣传产品的目的。

4. 包装设计

图形创意设计在包装上的应用是创作者设计素质的综合体现。这里所指的包装，主要是指依附于立体包装上的图形设计，是商品外表的视觉形象。一个有创意的外包装，首先需要做好定位，确定谁在卖产品、卖什么样的产品、卖给哪些客户；然后结合设计需求，围绕设计主题，将图形、文字与色彩等要素融入外包装造型之中，进行综合组织和设计。只有经过艺术加工后，既有创意又能真正突出主题，还能高效传递好产品信息的包装，才能更好地适应市场需求。

图形创意设计作品如图 5-43、图 5-44、图 5-45、图 5-46、图 5-47、图 5-48 所示。

图 5-43　成都龙泉的桃（作者：刘运平 指导：康国珍）

图 5-44　南充市（作者：谢香宇 指导：康国珍）

图 5-45　宜宾市（作者：周雨鑫
指导：康国珍）

图 5-46　遂宁市（作者：李雨曼
指导：康国珍）

图 5-47　阿坝黑水县（作者：董姝
指导：康国珍）

图 5-48　遂宁观音故里（作者：陈昱竹
指导：康国珍）

三、农产品图形创意设计案例

（一）农作物产品造型创意案例

艺术源于生活，在生活中可以充分发挥人的创造力和想象力，利用发散思维进行拓展想象，展现个性和才华，给身边的农作物加上创意的翅膀。很多 DIY 创意项目特别适合在各类农业创意项目之中实施，不仅能够增加活动的趣味性，还能为农业产业增加收益。比如，给南瓜加上翅膀变成蜜蜂、蝴蝶等动物，还可以变成天使，给丰收的季节增添一份快乐的氛围（如图 5-49 所示）。

图 5-49　南瓜创意造型设计

（二）农作物饮料创意广告

1. Bramhults 果蔬饮料广告

由瑞典卡尔斯塔德（Karlstad）的广告公司 Bulldozer Reklambyrå 为 Bramhults 品牌设计的关于“茴香、胡萝卜、甜菜”的三种果蔬饮料广告（如图 5-50、图 5-51、图 5-52 所示），以“每一棵蔬菜，都会成为饮料”为主题，强调“要生态，要诱人，要新鲜，要营养，最重要的是要　-天然”的理念。该广告将种植在土壤里面的蔬菜根茎替换成果蔬饮料瓶子，也

图 5-50　茴香饮料广告

图 5-51　胡萝卜饮料广告

图 5-52　甜菜饮料广告

就是将果蔬的精华装进饮料瓶，变成一瓶瓶健康的饮料。该系列广告于 2013 年 11 月在瑞典发布，设计简单、直观、一目了然，从视觉效果上给人以“追求原汁原味、源于自然”天然、新鲜和纯正的感觉。2014 年 8 月，又设计和发布了以“新鲜收获，多喝蔬菜”的广告（如图 5-53 所示），将原来埋进土里的“植物瓶子”删除，只留下吸收土壤营养和水分的根和瓶子原本占据的空间形状，引人思考，给人的感觉就是刚从土里拔出来的，纯天然、够新鲜。

图 5-53 “新鲜收获，多喝蔬菜”——2014 年 Bramhults 蔬菜汁广告（广告设计：Bulldozer）

2. 品牌 Pierre Martinet

法国巴黎的 BEING 和 TBWA 两家公司为法国新鲜蔬果产品的企业 Pierre Martinet 设计了蔬菜冰沙的广告，并于 2012 年 5 月在法国发布。该系列广告由创意总监 Thierry Buriez 和艺术总监 Jean Pierre Roges 等团队成员完成，利用蔬菜和水果组合成鸡尾酒饮品杯的形状，形象地向消费者传达了蔬菜奶昔饮料的健康信息。图 5-54 表达的是用番茄、柠檬和刺梅制成的番茄冰沙，图 5-55 表达的是用葡萄和茄子制成的茄子冰沙，图 5-56 表达的是用胡萝卜、苹果制作成的胡萝卜冰沙。

图 5-54 番茄冰沙（番茄奶昔）

图 5-55 茄子冰沙（茄子奶昔）

图 5-56 胡萝卜冰沙(胡萝卜奶昔)

3. Scene7 的“为了完全健康的生活”广告

广告代理商 RACK 为品牌 Scene7 设计了“为了完全健康的生活”的广告，于 2022 年 7 月在埃及发布。该广告设计是将体育运动（散步、舞蹈、骑行、健身房健身等）、健康的饮食方式和水果蔬菜等元素进行有机融合，将蔬菜或水果塑造成人体的形状，并进行多种体育运动活动，形成一个健康运动、生活的综合体，代表要追求健康的生活方式（如图 5-57、图 5-58、图 5-59 所示）。

图 5-57　正在舞蹈的蔬菜女士

图 5-58　正在骑行的果蔬男士

图 5-59　正在健身的水果男士

4. 意大利 Esselunga 超市的创意广告

意大利的 Esselunga 连锁超市以食材新鲜、价格公道而受到消费者的喜爱，多年来，其宣传广告也受到了消费者的广泛好评。这些食品宣传广告一直坚持拟人化的表现形式，让各类食物扮演各种历史人物或其他角色，结合谐音或近音的文字，以及图片组合不断进行创新，使这些广告不仅充分体现了超市产品的特点，还制造出许多记忆效果，让消费者在购物的时候能通过广告产生联想，获得不一样的心情。图 5-60 是用戴着帽子的红萝卜代表意大利文艺复兴三杰之一拉斐尔·桑齐奥（Raffaello Sanzio da Urbino）；图 5-61 是用戴着假发的甜瓜和乐谱组合在一起来代表作曲家路德维希·凡·贝多芬（Ludwig van Beethoven）；图 5-62 是用头戴草帽并以画笔作装饰的椰子形象来代表荷兰后印象派画家文森特·威廉·梵高（Vincent Willem van Gogh），谐音解读就是 Vincent Van Coc=Vincent Van Gogh（梵高）+Coco（椰子）；图 5-63 是用头戴草帽的白菜和钢笔搭配来代表意大利小说家、戏剧家乔万尼·维尔加（Giovanni Verga），谐音解读就是 Giovanni Verza = Giovanni Verga（意大利小说家）+ verza（甘蓝）。

图 5-60　Raffaello Sanzio：拉斐尔·桑齐奥

图 5-61　Ludwig Van Beethoven：贝多芬

图 5-62　Vincent Van Gogh：文森特·凡·高

图 5-63　Giovanni Verga：乔万尼·维尔加

【任务训练】

1. 训练目的

了解农产品海报图形设计的基本要求，进行农产品海报图形设计绘制。通过对本项目的学习，具备图形绘制及设计的能力，具备一定的审美能力并掌握手绘图形的技能，要有创造力，能制作出有创意的作品。

2. 教学方法

（1）学生课前预习，并准备课堂实践所需材料和工具。

（2）优秀案例临摹学习。

（3）教师示范并点评学生作品。

（4）学生互评作品。

3. 训练内容

（1）了解海报的设计方法。

（2）掌握图形设计的手绘方法。

4. 训练要求

熟悉农产品海报的设计方法，掌握手绘图形设计的技能。将所学习的知识运用在实际的农产品海报平面设计中，了解平面设计中图形设计的重要性，并按照不同的主题完成农产海报的设计绘制。

（1）作品中所使用的创意必须是学生原创的。

（2）根据审美规律设计，发现严重抄袭的视为作弊。

5. 评分标准

（1）比例尺度（10%）。

（2）色彩关系明确，与主题和谐统一（15%）。

（3）造型完整，布局合理（20%）。

（4）主题突出，有创意（35%）。

（5）具有一定的艺术审美（15%）。

（6）画面整洁，符合作业要求（5%）。

项目五任务 3　农产品图形创意设计案例

任务 4　版式创意设计

一、版式设计的概念

版式（Format）也叫排版设计，根据主题表达需要，将标题、文字、图形、色彩等视觉要素在特定的、有限的版面上进行有组织、有目的的组织和编排，从而将自己的设计思维用视觉化的语言表现出来。版式设计可以在二维空间进行，也可以在三维空间进行。版式的创意相对独立，要服务于主题思想。

二、版式的创意设计

（一）版式的构成要素

点、线、面，或由点、线、面构成的文字、图形、色彩及空间都是排版设计重要的视觉符号语言。版式如同建筑框架，创意是造型精髓，色彩是建筑外衣。版式设计的重点就是要处理好点、线、面之间的关系，这也是设计的难点。在创作者眼里，一个汉字、一个数值都可以理解为一个点；一排文字、一行空白都可以看作一条线；多行文字、一整幅图形、一大片空白都可以看作一个面。点、线、面相互作用，组合成各种各样的形态，形成一个新的版面，看似微妙的变化，实则观感大不一样（如图 5-64、图 5-65、图 5-66 所示）。

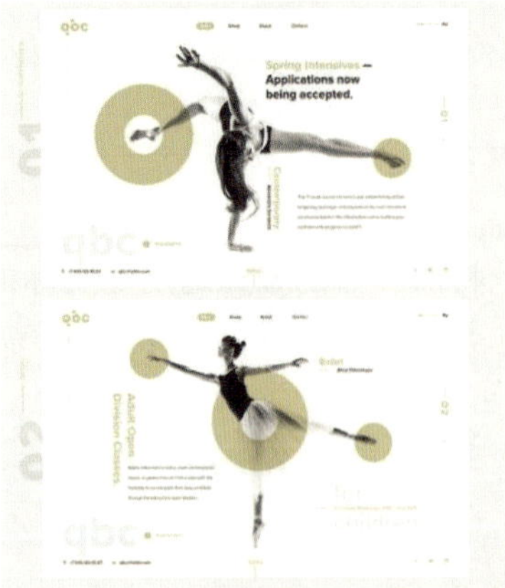

图 5-64　点在版面中的应用

图 5-65　线在版面中的应用

图 5-66　面在版面中的应用

（二）版式构成

1. 文　字

文字在版式设计中涉及字号、字体、行距的变化，在创意设计时，把握字体、字号、行距的视觉层次，就可以设计出清晰、明了、主次分明的文字版式。较为基础的文字编排形式有左右均齐、齐中、齐左或齐右、文字绕图排列等。进阶的文字编排还可以尝试突出、强调、文字图形、文字叠印等创意编排方式（如图 5-67、图 5-68、图 5-69 所示）。

图 5-67　立体空间文字创意排版

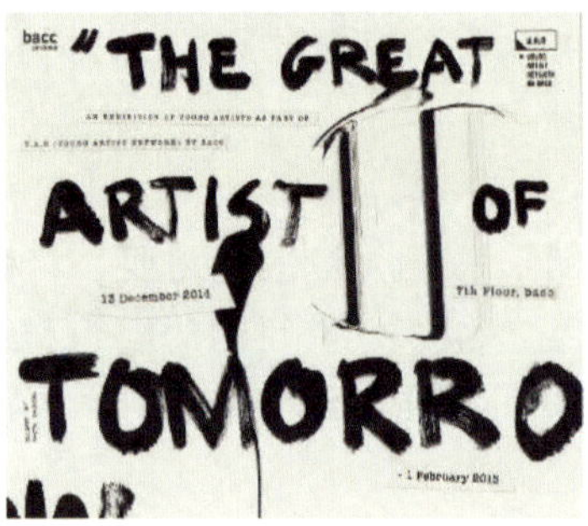

图 5-68　手写体文字创意排版

图 5-69　重叠文字创意排版

2. 图　形

版面中的图形是指除了文字以外一切有形状的部分，比起文字来，其视觉效果更强烈，既可以拿来作为版面的主题，又可以用来辅助文字表达。图形的形状可分为规则和不规则式，规则类的图形在版面上表现为方形或者出血形，不规则图形一般表现为退底图、插图等。图形在版面中的位置也有讲究，大致可分为四角与中轴四点、块状组合和散点组合（如图 5-70、图 5-71 所示）。

（三）版式的基本类型

常用的基本类型包括标准型、满版型、分割型（上下分割型、左右分割型）、倾斜型、对称型、三角型、四角型、重叠型、聚集型、分散型、自由型（如图 5-72、图 5-73 所示）。

图 5-70　图形在版式中的应用

图 5-71　图形与文字的排版结合

图 5-72　曲线型版式设计

图 5-73　倾斜型版式设计

（四）版式设计的基本原则

版式设计要以准确、顺畅、高效传达信息为前提，要尊重人类的审美规律，遵循形式美法则，做到主题突出、层次分明，同时追求内容与形式的统一。

三、版式创意设计在乡村文创中的应用

（一）招贴版式设计

招贴（Poster）又称海报，是张贴在户外公共场所的广告形式之一。招贴海报的主要目的是在一瞬间引起消费者的注意。创意是海报的灵魂，将主题创意和版面结合在一起，可以获得较为成熟的构思。

海报版面设计一般的步骤：分析主题、收集素材、依照视觉原理决定版面层次、选择适合的版面设计元素、决定版面整体构成形式。

（二）DM 单版式设计

DM 单的版式设计是通过文字的排列、字号和字体的选用、图形的编排来统一设计的，设计的主要目的是使版面内容层次分明、内容清晰、和谐统一（如图 5-74、图 5-75 所示）。

图 5-74　农产品 DM 单设计

图 5-75　农产品包装版式设计（作者：郑强　指导：康国珍）

（三）包装版式设计

包装是依附在商品之上的平面设计，由商标、文字、色彩、图形和结构几大要素构成。

（四）VI 版式设计

VI 是企业形象设计中的视觉传达设计部分，是企业形象的一个重要环节，以名片、信纸、信封为代表，在商业活动中能快速、直接地传递企业形象。

（五）网页版式设计

网页版式设计是随着互联网和数字技术的发展而出现的新艺术形式，是以网络和数字技术为基础，遵循艺术设计规律所创造出的视觉传达活动。

四、农产品广告板式创意设计

（一）Mushroom Compadres 广告

葡萄牙的再生农业 Fazenda Compadres 团队的一部分人在西阿尔加维（West Algarve）专门创建了一个种植用于美食和药用的特种功能性蘑菇的特色品牌项目 Mushroom Compadres，为大众提供更多美味、优质的蘑菇及其衍生产品。设计团队 Ochodias Studio 摆脱了有机产品传统的审美框架，将该品牌创始人传递的健康价值观、激情和良好氛围，关于新鲜、友好和有趣的愿景与产品本身具备的自然和特殊性，用真实的方式结合在一起，设计出一个蘑菇广告。该系列广告将不同类型的蘑菇形态与动物结合，并用一双双眼睛去面对受众，引起他们的情感共鸣。作品用鲜明的色彩、强烈的对比、独特的构图，以及高质量的插画，营造出了强烈的视觉冲击力（如图 5-76 所示）。

图 5-76　Mushroom Compadres 宣传海报

（二）Daily Recharge 每日充电广告

韩国首尔的广告代理商 DDB Korea 为 Zepri 品牌设计了一个简单而又有视觉冲击效果的广告作品——“每日充电”（Daily Recharge）（如图 5-77 所示），于 2014 年 1 月在韩国发布。该广告作品的中间是一个电池外形的餐盘，电池内部的能源刚好是餐盘里面放着的奇异果，向大众传达了奇异果可以在日常生活中为受众不断补充能量，以应对各种挑战和保持最佳状态。奇异果还可以成为咖啡和其他能量饮料等健康替代品的广告信息。

（三）百味来（Barilla）意大利面品牌广告创意

意大利 Parma（帕尔马）的意大利面和意大利面酱品牌百味来（Barilla）有一百多年的历史。该品牌的系列宣传海报使用了标志性的蓝底色纸，将意大利面和意大利各大著名景点的标志性建筑物有机融合在一起。图 5-78 中，一个人站在一艘贡多拉尖舟上，从由精美的意大利面组成的河水中轻轻划过，贡多拉在水中轻轻摇曳，经过威尼斯的标志性建筑——里亚尔托桥，与威尼斯的波光粼粼相映成趣，创意巧妙。图 5-79 中的百味来意大利面在视觉上与比萨斜塔倾斜形状相似，强调百味来作为意大利面食品牌的悠久历史和传统工艺，同时使其形象进一步提升，强化其在消费者心目中的高端、优质形象。

图 5-77　Daily Recharge 每日充电

图 5-78　Barilla 意面宣传海报

图 5-79　Barilla 意面宣传海报

【任务训练】

1. 训练目的

了解农产品 DM 单版式设计的基本要求，对农产品 DM 单进行设计绘制。通过对本项目的学习，学生应具备版式绘制及设计能力，能制作出有创意的版式。

2. 教学方法

（1）学生课前预习，并准备课堂实践所需材料和工具。

（2）优秀案例临摹学习。

（3）教师示范并点评学生作品。
（4）学生互评作品。

3. 训练内容

（1）了解版式设计的基本构成。
（2）掌握版式设计的基本类型和设计步骤。

4. 训练要求

熟悉农产品版式设计的方法，掌握版式设计的技能。将所学习的知识运用在农产品 DM 单版式设计中，了解平面设计中版式设计的重要性，并按照不同的主题完成农产品 DM 单的设计绘制。

（1）作品中所使用的创意必须是原创的。
（2）在根据审美规律设计。
（3）坚持原创，不得抄袭他人作品，发现严重抄袭者将视为作弊，并追究责任。

5. 评分标准

（1）比例关系（10%）。
（2）色彩关系明确，色调和谐统一（15%）。
（3）构图完整，空间布局合理（35%）。
（4）主题突出，有创意（35%）。
（5）画面整洁，符合作业要求（5%）。

项目五任务 4 农产品广告板式创意设计

任务 5　主题海报设计

一、海报设计的概念

海报（Poster），也叫招贴，是将需要传达的信息经过设计后以纸张为载体，在印刷后张贴在公共场合的墙面、柱子上等位置的纸张类宣传品。信息是海报设计的核心，海报的内容主要依靠图形语言，可以只有文字，也可以只有图形，还可以用图文结合的形式呈现。

二、海报设计要素

（1）主题。海报的主题，是海报设计中最重要的部分。主题能够让消费者明白海报的中心思想和主要内容是什么，目的是让消费者看到海报马上就能知道海报宣传的是什么内容。

（2）风格。风格指的是海报的整体设计风格，有的海报小清新，有的海报高级感十足。

（3）构图。在海报设计中，版式的构图设计极为重要，决定着海报的整体视觉效果。海报构图的类型很多，主要有上下、左右、居中、对角、四角、曲线、对称、重复、包围、散点、满版型等类型。为了使广告能呈现出比较理想的效果，需要图文来表现的广告应遵循基本的视觉流程和规律，做到图文虚实得当、画面富有美感、版面布局合理、图文结构平衡，以及边框装饰与整个画面相互协调等基本原则。

（4）配色。一般海报的配色采用同类色系进行设计，因为相同色系给人一种温柔舒适的感觉。

三、海报设计风格

（1）纯文字极简风格。简约风一般也会分成很多种类型，可以是极简，也可以在极简基础上稍微增添一些元素，让画面打破极简的视觉效果（如图 5-80 所示）。

图 5-80　纯文字简约风格海报

（2）文字+图形的极简风海报。极简风海报可以是纯文字+意境，也可以是文字+抽象图形。

（3）空间/透视/立体海报。利用文字和面状图形，通过明暗对比和位置、角度的变化，将文字和面在画布中排版出一种透视效果和空间视觉效果。

（4）文字透视海报。透视海报，可以是对纯文字作透视，也可以是文字+图形、文字+产品、文字+图/人等组合方式，通过对文字以及图的合理编排，设计出一种透视的视觉效果。

（5）正负形海报。通过正负形设计出一个图形，却呈现出两个或者两个以上的图形样式。

（6）孟菲斯风格海报。孟菲斯风格海报的设计尽力表现各种富有个性化的文化内涵，在色彩上常常故意打破配色规律，喜欢用一些明快、风趣、彩度高的明亮色调，特别是粉红、粉绿等艳丽的色彩（如图 5-81 所示）。

（7）波普风格海报。波普风格以一种艺术表现形式在 20 世纪 50 年代中期诞生于英国，又称“新写实主义”和“新达达主义”。它反对一切虚无主义思想，通过塑造那些夸张的、视觉感强的、比现实生活更典型的形象来表达一种实实在在的事物，是一种至今仍比较流行的风格。

（8）故障风格海报。以各种原因造成事物发生故障的现象为设计元素，经过对元素的形、色等方面的艺术加工，形成“故障艺术”（Glitch Art）效果的海报。

图 5-81　孟菲斯风格海报

（9）剪纸风格海报。剪纸，又叫刻纸，是中国最古老的民间艺术之一。在海报设计中，利用传统剪纸镂空的艺术表现形式，经过多层叠加或互相穿插等方式，让图形在视觉上给人以透空的感觉。

（10）中国风格海报。中国风，即中国风格，就是将最有代表性的装饰纹理、中国国画、书法笔触等中国传统文化的元素置入海报之中，让海报具有“中国味”。

（11）国潮风海报。将中国传统文化与现代流行文化、时尚元素融合去演绎和诠释海报内容，采用明快、饱和的色彩，流畅、简洁的线条，充满活力和时尚感。“国潮风”代表中国审美、文化元素与现代时尚潮流元素的深度融合，是中国风的一种创新表现，现已成为年轻人表达自我情怀和追求时尚潮流文化的新宠，是对中国优秀传统文化的认同、传承和发扬，也是文化自信的重要表现。

（12）科技风海报。利用一定的科学技术信息来体现科学技术的重要成果和创新实力，这样的风格多用于科技信息发布和科技产品的宣传。设计时，要根据观众接受信息的心理特点和需求，在创造强烈的视觉冲击效果、突出重点和主题的同时，要注意创新性和实用性，避免信息过量。

四、创意海报设计技巧

海报创意设计一般要做到内容精炼、重点突出，要以图为主、文案为辅。

（1）选用黑色作为海报背景。使用黑色，可以考虑选用金属印墨或明亮的白色来印制信息与图片，制作一张吸引眼球的海报。

（2）简洁朴实即美。使用这种方法来提炼和精简海报，可以创作出优雅而精致的平面设计作品。

（3）加入个性字样。大胆使用原创的个性化字体，可以让海报拒绝平庸，充满个性。

（4）使用网格。网格是最有用的工具之一，可以使用这一工具来设计出既专业而又整洁的作品。

（5）黑白相片。黑白相片这种有效的方法能制作出优雅的海报。在处理海报上的照片时，要仔细考虑如何剪裁。

（6）用最少的颜色。针对内容繁多且复杂的海报设计，需要花费很多的时间来思考如何使用和搭配色彩，如何才能更好地将各种色彩合理地运用在作品上。其中最难掌握的就是减法，即用最少的色彩来进行设计表现。

（7）拼贴。根据创意层叠放置设计元素和着色板，或者按照一定的形式设法对设计元素进行拼贴，从视觉上增加海报的趣味性。

（8）选择经典方法。用有趣的照片或者插图作为海报的背景，将白色图块置于画面中间，然后在白底上排列规则的黑色字体。调整一下白色图块的不透明度，就像下列案例所示的那样，可以增加画面的趣味性（如图 5-82 所示）。

图 5-82　经典海报设计

（9）尝试复古感。复古之作能和时髦作品一样吸睛。

（10）效仿电影海报。从无数的电影海报中获取灵感。

（11）玩转不透明度。在相片上层叠放置色域，并根据需要调节其不透明度，就会呈现出简明现代风格的海报风格。针对不同的元素，要使用不同的颜色。

（12）超出页面。设计时，并不是必须严格地把所有的元素都限制在固定的页面范围之内，而是可以打破常规，将海报的部分元素溢出或者充满页面，让某些元素变得与众不同，同时突出重要的视觉元素，从而创作出新颖、漂亮的海报（如图 5-83 所示）。

图 5-83　超出页面的海报设计（作者：高莲鸥　龙丹　指导：李文佳　康国珍）

五、创意主题海报手绘作品赏析

（一）中国传统二十四节气海报抄绘

作品如图 5-84、图 5-85、图 5-86、图 5-87、图 5-88、图 5-89 所示。

图 5-84　作者：曾义涵
（指导：杨子莹）

图 5-85　作者：都美芳
（指导：杨子莹）

图 5-86　作者：杨鑫
（指导：杨子莹）

图 5-87　作者：王友丽
（指导：杨子莹）

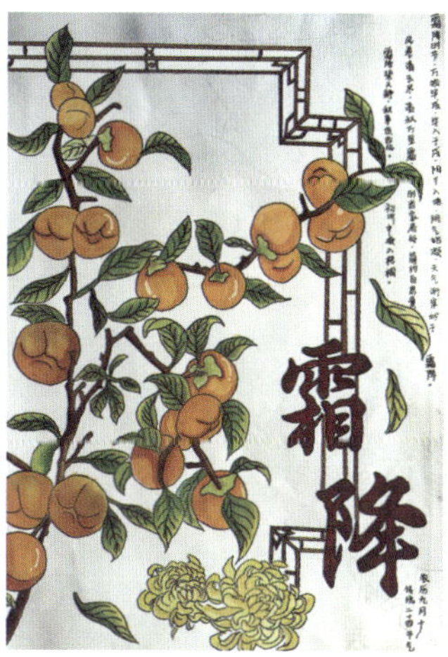

图 5-88　作者：刘玉凤
（指导：杨子莹）

图 5-89　作者：雷鸿松
（指导：杨子莹）

（二）成都世界大学生运动会主题手绘海报

作品如图 5-90、图 5-91 所示。

（三）地域乡土文化手绘海报

作品如图 5-92、图 5-93、图 5-94、图 5-95 所示。

图 5-90　作者：李斓欣　曾俊佳（指导：康国珍）

图 5-91　作者：高莲鸥　龙丹　谢春梅（指导：康国珍）

图 5-92　作者：陈帆　胡玉茹（指导：康国珍）　　图 5-93　作者：李良菊　熊丽洁（指导：康国珍）

图 5-94　作者：蒋星奕　叶葶　温心怡（指导：康国珍）

图 5-95　作者：高莲鸥　龙丹　叶红（指导：康国珍）

六、农产品创意海报设计案例

（一）蔬菜创意海报

1. Esselunga 超市蔬菜创意海报

意大利的 Esselunga 连锁超市为营销而做的蔬菜宣传广告，用直接或隐喻的方式，将蔬菜与人们熟悉的事物相结合，以其独特的创意和巧妙的构思吸引消费者的目光，传达出产品的价值和魅力。例如，热气球作为一种飞行工具象征着自由、冒险和探索。图 5-96 的广告中，洋葱被用作象征元素，与洋葱的味道，以及切洋葱时的挑战相结合，创造出独特的视觉效果。图 5-97 直接将辣椒作为主角，模拟出海马的形态，增强了广告的视觉效果和吸引力。

2. 有机蔬菜农场创意海报

有机蔬菜农场的创意海报设计有针对性地设计了一系列具有代表性的蔬菜卡通人物角色，打破了传统农业宣传的沉闷感，让海报画面更加生动有趣。例如，将给蔬菜浇水的小朋友、戴着草帽头顶红南瓜的小男生、手持粮食喂鸡的男生等作为海报中心，吸引观者的注意。以绿色作为主色调，象征有机蔬菜的自然与纯净；用黄色和蓝色作为点缀，增添画面的活泼感，呈现出一种生机勃勃的健康活力。以有机农场的耕作场景为背景，通过展现浇水、收获等给观者营造身临其境的感觉，传达农场生活的和谐与欢乐（如图 5-98 所示）。

图 5-96　是热气球还是洋葱?

图 5-97　是海马还是辣椒?

图 5-98　有机蔬菜农场（作者：韩明静　强玉琳　指导：刘钫）

3. Fridrih Mushrooms 蘑菇海报

2015 年，来自克罗地亚萨格勒布的广告公司 Imago 的创意团队，在创意总监 Igor Mladinovic 的领导下，共同完成了蘑菇品牌 Fridrih Mushrooms 的广告设计。在他们的广告之中，通过比喻和创意表达，形象地描绘了蘑菇在烹饪中的角色：以最好的状态、最完美的形象进行烹饪，即能够为食物增添美感，让食物迸发出最美妙的滋味；同时，通过幽默的方式成功地传达了其产品的普遍适用性和美味程度（如图 5-99、图 5-100、图 5-101 所示）。这种幽默的表达方式不仅增加了广告的趣味性，还以一种轻松的方式传达了蘑菇的普遍适用性和无可挑剔的美味，从而成功地吸引了观众的注意力，让大众对产品产生了强烈的购买欲望。

图 5-99　蘑菇就是妙手裁衣的裁缝

图 5-100　蘑菇就是技艺精湛的美发师

图 5-101　蘑菇就是调教顽皮学生的名师

4. 法国巴黎因特马尔凯（Intermarché）连锁超市宣传广告

为了避免食物的无端浪费，倡导健康的生活方式，巴黎的 Intermarché 品牌连锁超市在 2014 年联合广告代理商 Marcel 专门为一些“丑陋的蔬菜水果”设计了宣传广告和营销活动，想通过宣传来拯救这些“丑”物，让它们能得到消费者的喜爱。

Marcel 的首席创意官 Erik Vervroegen 和 Anne de Maupeou，以及艺术总监 Youri Guerassimov、Gaëtan Du Peloux、Anais Boileau 等团队成员就如何让消费者爱上“丑”物，并真正购买这些非常丑陋的新产品进行了深入研究。最后，他们将这些蔬菜、水果的形象丑化成“奇怪的苹果”（如图 5-102 所示）、“失败的柠檬”（如图 5-103 所示）、“丑陋的橘子”（如图 5-104 所示）、“荒谬的土豆”（如图 5-105 所示）、“毁容的茄子”（如图 5-106 所示）、“丑陋的胡萝卜”（如图 5-107 所示）等。该活动一经推出就在法国引起巨大反响，消费者以更加便宜的价格购买到和其他长相美丽产品质量有保障的产品，以往被扔掉的产品得到了充分利用，Intermarché 连锁超市店内的客流量总体迅速增长，也通过销售全新的“丑”物系列产品增加了业务收益。随后，其他商超企业也开始加入这次活动，让这些“丑”物重新回到餐桌上。

图 5-102 “奇怪的苹果”

图 5-103 “失败的柠檬”

图 5-104 “丑陋的橘子”

图 5-105 “荒谬的土豆”

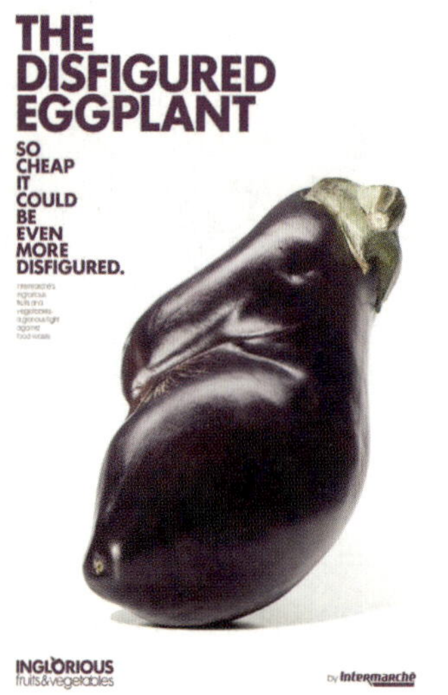

图 5-106 “毁容的茄子”

图 5-107 “丑陋的胡萝卜”

（二）水果创意海报

1. 超市水果创意海报

在意大利 Esselunga 连锁超市的宣传广告中，每一幅作品都充满了趣味，如图 5-108、图 5-109、图 5-110、图 5-111 所示。

图 5-108　船还是豌豆?

图 5-109　篮球还是橙子?

图 5-110　小兔子还是猕猴桃?

图 5-111　小熊还是椰子?

2. 有机水果创意海报

该系列西瓜创意海报作品采用拟人设计手法，赋予西瓜不同的角色，如西瓜音乐家、西瓜搬运工、西瓜厨师、西瓜园丁，围绕动听的音乐、炎热的夏日、纯粹的美味、清凉的夏日几个主题，以幽默的形式和卡通绘画手法向大众宣传“夏日炎炎，有我超甜”，准确地把信息传达给消费者（如图 5-112 所示）。

图 5-112　西瓜创意海报（作者：陈雨洁　但凌蕊　指导：刘钫）

（三）肉制品创意海报

美国的金科（Gold’n Plump）是一款不添加任何配料且优质、健康的鸡肉品牌。但是，随着市场上许多廉价自有品牌竞争对手的出现，该品牌的销售受到了巨大的冲击。为了让广大的消费者能够更为快捷、明确地了解他们的品牌和产品成分，从而在市场上创造更大的差异化发展空间，企业将品牌重新定位为真正“Gold’n good”的鸡肉，并聘请广告公司 Periscope 设计了一系列插图广告，以相关、标志性的方式传递他们的产品信息。这一系列插图广告以鸡为主题形象，通过字母的巧妙组合和排列后组成鸡的图形来诠释自己的品牌信息，清晰地传达出广告意图，呈现出生动、有趣的视觉效果。比如，我会做饭的，这要归功于你，下次你赶时间的时候，就吃我们热腾腾的新鲜烤鸡吧！可在杂货店购买（如图 5-113 所示）。做得好的鸡肉味道更好，我们的鸡是由关心家庭的农民经过正确饲养和人道对待的方式饲养出来的，这使得一切都变得有所不同（如图 5-114 所示）。

图 5-113　宣传海报（一）

图 5-114　宣传海报（二）

【任务训练】

1. 训练目的

了解农产品主题的基本要求，能根据农产品主题设计绘制海报。学生应具备一定的审美能力，熟练掌握手绘图形的技巧，能制作出有创意的主题农产品海报设计。

2. 教学方法

（1）学生课前预习，并准备课堂实践所需材料和工具。

（2）优秀案例临摹学习。

（3）教师示范并点评学生作品。

（4）学生互评作品。

3. 训练内容

（1）了解主题海报设计的基本类型。

（2）掌握主题海报设计的基本类型和设计步骤。

4. 训练要求

熟悉农产品主题海报的设计方法，掌握主题海报设计的技能。将所学习的知识运用于实际的主题农产品设计中，了解平面设计中主题设计的重要性，并按照不同的主题完成农产品的海报设计。

（1）作品中所使用的创意必须是学生原创的。

（2）根据审美规律设计，严重抄袭的视为作弊。

5. 评分标准

（1）设计感强，有创意（30%）。

（2）构图完整、空间布局合理（25%）。

（3）色彩关系明确，整体效果和谐统一，主题突出（20%）。

（4）熟练运用马克笔及彩铅（10%）。

（5）具有一定的艺术审美（10%）。

（6）画面整洁，符合作业要求（5%）。

项目五任务 5　创意主题海报手绘作品赏析

【命题创作】

创意农产品广告

近年来，稻作文化、茶文化、鱼文化等重要的传统农业文化遗产，借助文创产业的发展得到深度挖掘、开发，从而重获新生。本次命题采取“以赛代练”“以项目代练”的模式，结合国内外相关比赛开展创作。创作流程：“发布命题→讲解要求→设计构思→概念设计→初稿呈现→现场陈述→方案述评→修改方案→完善方案→完成方案→呈现成品”。

1. 作业内容

选择本地乡村的一种农产品或者一种农事活动，结合其蕴涵的乡村文化对其进行 DM 单设计。

2. 作业要求

（1）设计尺寸：A3。

（2）所选商品为特色农产品或者特色农事活动。

（3）图形设计需融入特色乡村文化。

3. 评分标准

（1）构图完整、合理、和谐（20%）。

（2）排版层次清晰、合理，符合视觉规律（30%）。

（3）遵循艺术性与装饰性、趣味性与独创性（50%）。

案例：德昌香米设计作品

宣传产品为大米，海报设计独具特色，文字与图形搭配很好，版式设计也重点突出、层次清晰（图 5-115、图 5-116 所示）。

图 5-115　德昌香米——稻田三部曲（作者：郭先晴　万丹　指导：康国珍）

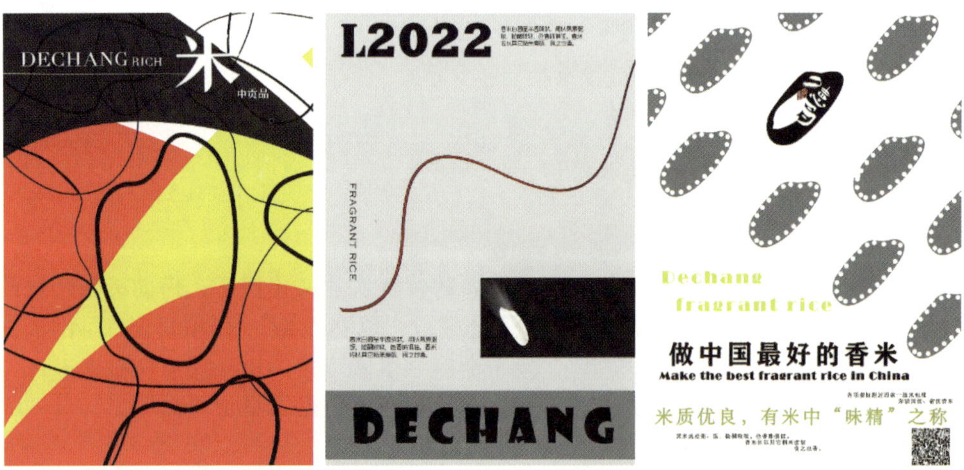

图 5-116　德昌香米（作者：吴宇　贺思维　安尔歪　指导：康国珍）

项目六

产品包装设计与表达（手绘）

学习目标

1. 通过学习了解产品包装设计的理论和技法。
2. 培养设计思维能力、综合基础设计能力。
3. 能够综合运用所学知识，独立完成农产品包装作品的设计。

素养目标

1. 将美学理论进行视觉呈现和表达。
2. 能够和同学建立良好的协作关系，达到全面发展的目的。
3. 增强口头与包装设计表达能力。
4. 学习如何用设计推广乡村农产品。热爱中国乡土文化，弘扬中国精神，传播中国文化。
5. 充分将设计命题与中国传统乡土文化相结合，坚定文化自信。

案例导入

一、潘　虎

（一）认识设计师

潘虎，1973 年出生于湖北武汉，1996 年毕业于清华大学美术学院视觉传达设计系，潘虎包装设计实验室首席设计师、盛行传播机构董事长，同时在国内十所设计院校担任客座教授。2016 年，潘虎成为全球三大设计奖大满贯得主，获得 5 项红点设计大奖，其中与褚时健合作的褚橙新包装设计从全球 46 个国家 5000 多件作品中脱颖而出，获得红点最佳设计奖，他所在的包装设计实验室入选中国杰出十大包装设计机构。多项海报作品入选第十三届国际档案大会并成为主题海报，潘虎被称为兼具美学精神和商业价值的“手艺人”。

（二）作品评述

1. 褚橙包装设计

设计师潘虎与先后经历过两次成功创业的“中国橙王”褚时健先生合作，潘虎与其设计团队成员插画师韩晓雪等一起对褚橙的包装进行设计。褚橙包装设计开启了中国消费品市场的美学进程。该包装设计采用中国传统木刻版画的方式来设计产品的商标，表现褚时健先生那种朴实、厚道、充满智慧的农民形象，以及对其所生长的土地超乎想象的热爱。包装将老先生的匠人精神、创新创业精神等品牌故事和文化传达出来。结构设计独特，轻轻向外抽拉，橙子就会自动升起，暗示着这位老人一生的起起落落。2019 年，潘虎及其设计团队又从 LOGO 到整个外包装图形进行了调整，让褚橙 2019 纪念版包装在视觉体系方面得到了全面提升，在色彩搭配上强调“褚色”和“橙色”蕴藏的温暖，即“褚色 + 橙色 = 褚橙”，使整个包装的色彩更加和谐（如图 6-1、图 6-2、图 6-3、图 6-4、图 6-5 所示）。

图 6-1　褚橙商标

图 6-2　褚橙包装

图 6-3　褚橙包装

图 6-4　褚橙包装打开到关闭展示图

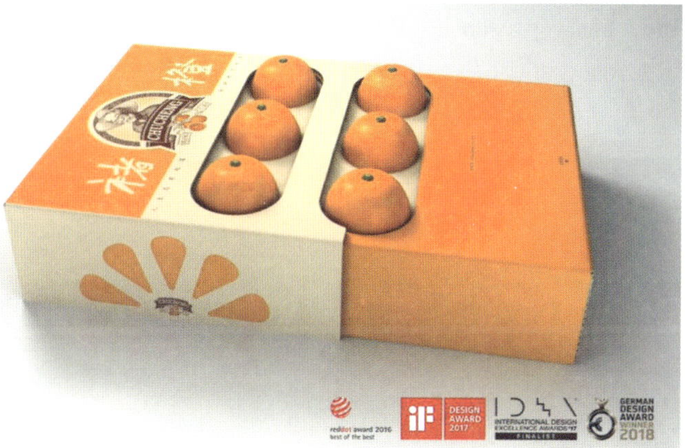

图 6-5　褚橙包装拉开展示图

2. 王老吉黑凉茶包装设计

用 88 种元素凸显当代年轻人的生活，“五彩斑斓的黑”开启王老吉品牌年轻化之路。王老吉爆冰凉茶包装设计作品用极致的波普风打造王老吉旗下的新款碳酸凉茶（如图 6-6 所示）。

3. 华润雪花·匠心营造啤酒包装设计

以苏州园林窗棂为设计灵感，从一扇窗中窥见中国古建筑之美（如图 6-7 所示）。

图 6-6　王老吉黑凉茶

图 6-7　雪花·匠心营造

4. 香朵朵·茉莉花茶包装设计

从旗袍女子的视角，走进香朵朵的花样年华，以茉莉的气韵、窗棂的写意，寻味民国时期老上海的小资情调（如图 6-8 所示）。

5. 邮政署生肖虎年邮票设计

灵感来源于英国反战诗人西格里夫·萨松（Siegfried Sassoon）的代表作《于我过去，现在以及未来》(In me，past，present，future meet）中的经典诗句“心有猛虎，细嗅蔷薇”(In me the tiger sniffs the rose）的启发。这句诗意味着万物都具有两面性，一面代表强大，一面代表细腻（如图 6-9 所示）。

图 6-8　香朵朵 · 茉莉花茶

图 6-9　邮政署生肖虎年邮票设计

二、佐藤卓

（一）认识设计师

佐藤卓，1955 年出生于东京，1979 年毕业于东京艺术大学设计专业，1981 年又从该校研究生毕业，先就职于股份公司电通，1984 年成立佐藤卓设计事务所。其作品获东京 ADC 奖、每日设计奖、JAGDA 新人奖、东京 TDC 奖、纽约 ADC 银奖、日本包装设计大奖金奖、G – MARK 金奖、设计论坛金奖、东京 ADC ·原弘奖等。他是东京 ADC、东京 TDC、JAGDA、日本设计委员会，AGI 会员。

佐藤卓说设计不是主角，而是联系者；设计不应该是一个设计师自我展示的过程，对设计师来说，应该做什么比想做什么更重要。在做设计时，他会尽量压抑自己的个性，从提出的问题中寻找设计的灵感，进而找到问题的解决方法，再把这个过程通过视觉的方式传达出来。每一次面对新的项目，佐藤卓都会清空自己，从零开始。他认为清空大脑对于灵感的产生很有必要。做设计，不要以自我为中心。

（二）作品评述

1984 年，一甲威士忌（如图 6-10 所示）这个项目足足持续了两年时间，佐藤卓为了了解为什么年轻人不喝威士忌，开始接触产品开发，学习产品历史，进入工厂采访职人，提出了开发新口味的提案，包括风味变化、定价、包装、宣传方式一整套方案。而就是这样一份完整的策划案，直到佐藤提出辞呈离开电通公司都没有被采用。然而，在佐藤卓选择离开公司自己创业之后，这个策划案竟然被重新启用，由此就诞生了佐藤卓的处女作兼成名作。

图 6-10　一甲纯麦芽威士忌 1984

乐天薄荷口香糖系列 1993（如图 6-11 所示）已成为佐藤卓早期最成功的设计案例之一。如何承袭原包装的经典设计语言，并在此基础上找到新的创意点，成为这一设计的核心。佐藤卓发现，当口香糖陈列在商店的橱窗里面时，大多都只能看到包装盒的两个侧面，于是联想到将原包装的文字和图案分别印在包装盒两个侧面。

图 6-11　乐天薄荷口香糖系列 1993

任务 1　产品包装设计与表达基本认知

创意是产品包装设计的核心竞争力。产品包装的基础知识包括容器质感设计表达、结构设计、视觉传达设计等。

一、三视图

（一）视　图

视图是指将物体按正投影向投影面投射所得到的图形。

（二）三视图

三视图是将三个投影展开在一个平面内得到的一张图形。三视图是主视图、俯视图、左视图的统称。它是从三个方向分别表示物体形状的一种常用视图（如图 6-12 所示）。

（1）主视图：光线自物体的前面向后投射。

（2）俯视图：光线自物体的上面向下投所得的投影。

（3）左视图：光线自物体的左面向右投射所得的投影。

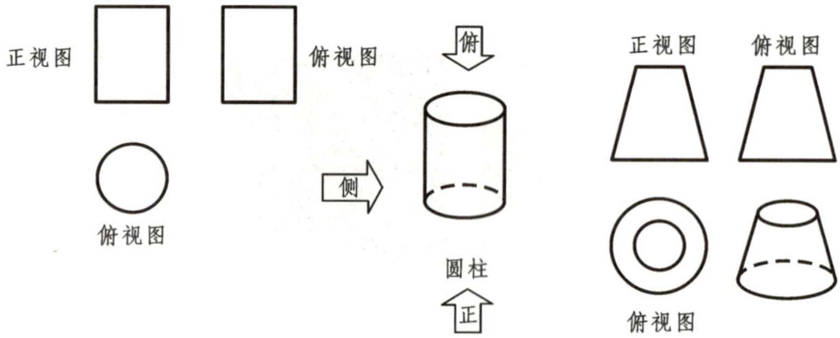

图 6-12　圆柱/圆台三视图

（三）三视图画法规则

（1）高平齐：主视图和左视图的高保持平齐。

（2）长对正：主视图和俯视图的长对正。

（3）宽相等：左视图的宽和俯视图的宽相等。

（4）看不到的棱用虚线表示。

学生手绘作品如图 6-13、图 6-14 所示。

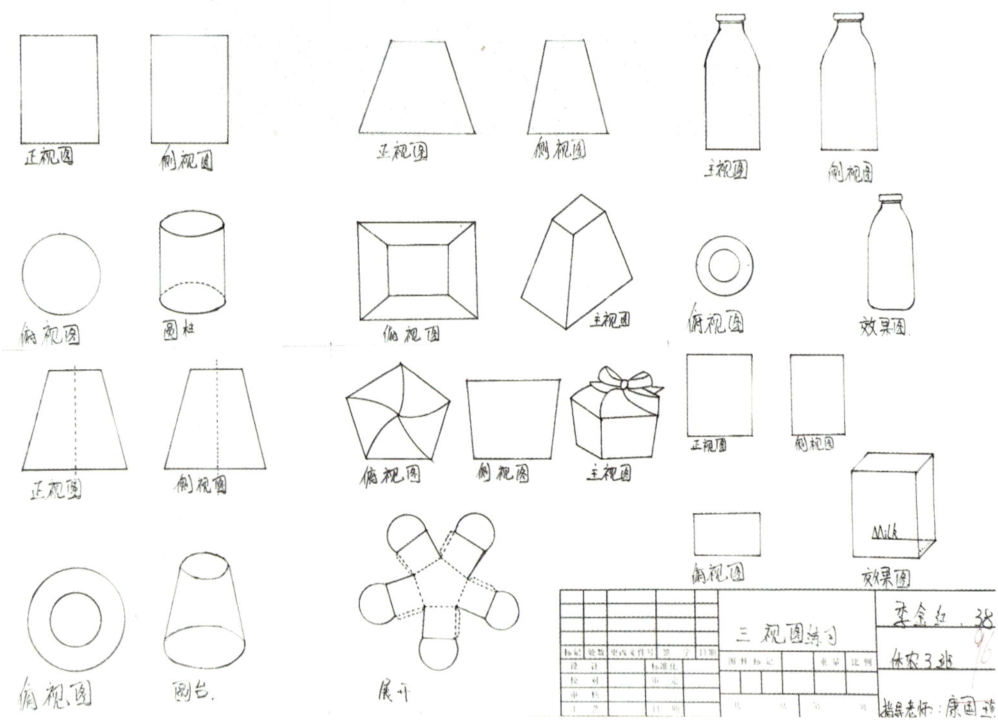

图 6-13　三视图（作者：李金红　指导：康国珍）

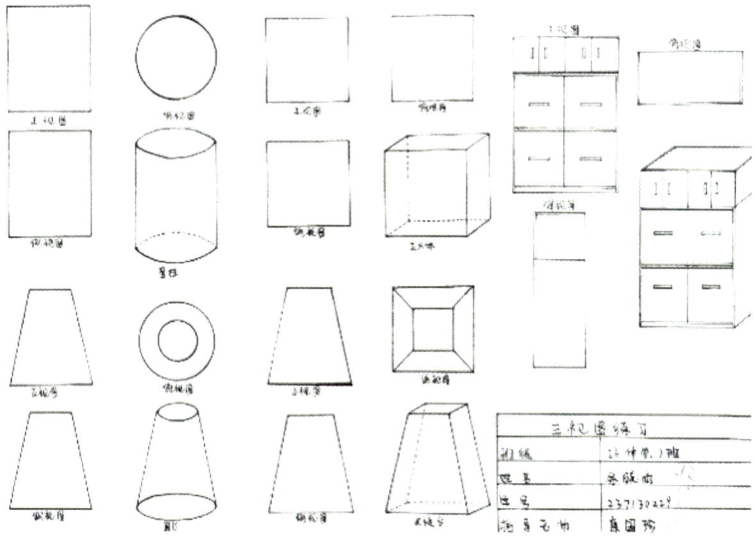

图 6-14　三视图（作者：于晓雨　指导：康国珍）

二、透　视

透视是绘制效果图的基础，直接影响整个空间的真实性、科学性与纵深感。因此，掌握透视原理是画好设计手绘效果图的基础。

（一）透视原理

（1）基面（GP），是指承载着物体（观察对象）的平面，如桌面等。在透视学中，默认基面为基准的水平面，而且永远处于水平状态，并与画面相互垂直。

（2）立点（SP），是指观察者所站立的位置。

（3）视点（EP），是指人眼睛的位置。

（4）视高（EL），是指视点和站点的垂直距离。

（5）视平线（HL），是指由视点向左右延伸的水平线。

（6）灭点（VP），也称消失点，是空间中互相平行的透视线在画面上汇集到视平线上的交点（如图 6-15 所示）。

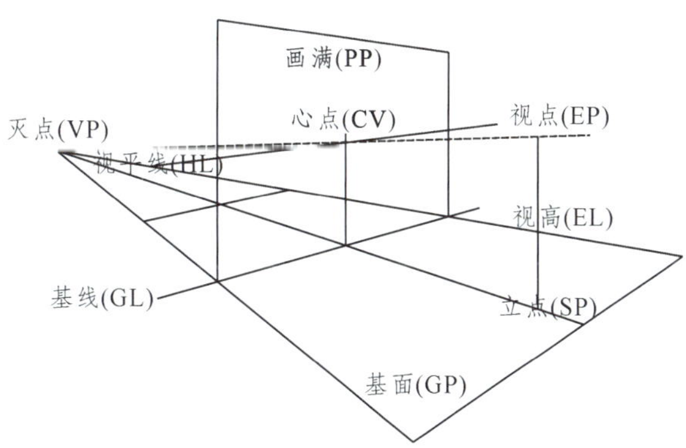

图 6-15　透视原理

（二）一点透视

一点透视又叫平行透视，是因为在透视的结构中，只有一个透视消失点（灭点）。

一点透视有很多可辨别的特征，如平行画面的平面保持原来的形状；平行画面轮廓的方向不变，没有灭点；水平的保持水平，直立的仍然直立。一点透视表现范围广，纵深感强（如图 6-16 所示）。

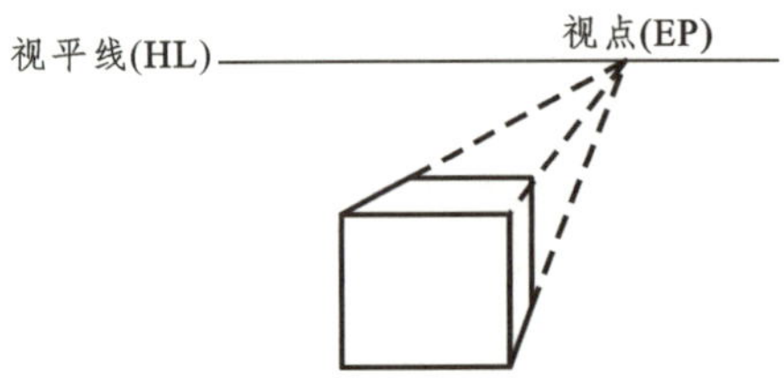

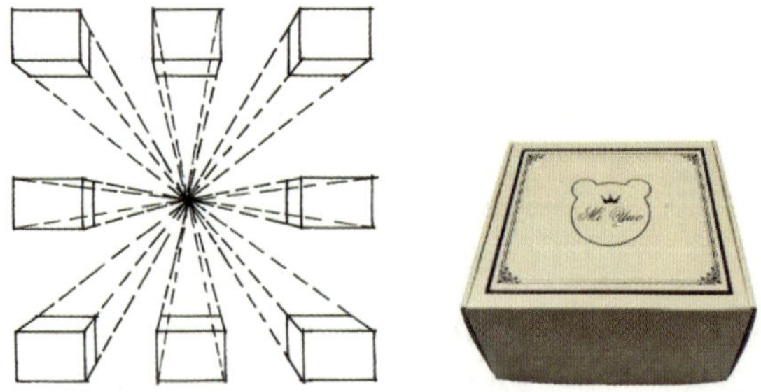

图 6-16　一点透视

（三）两点透视

两点透视又叫成角透视，是因为在透视的结构中，有两个透视消失点。下文将针对两点透视的基本画法和两点透视包装设计手绘效果进行举例（如图 6-17 所示）。

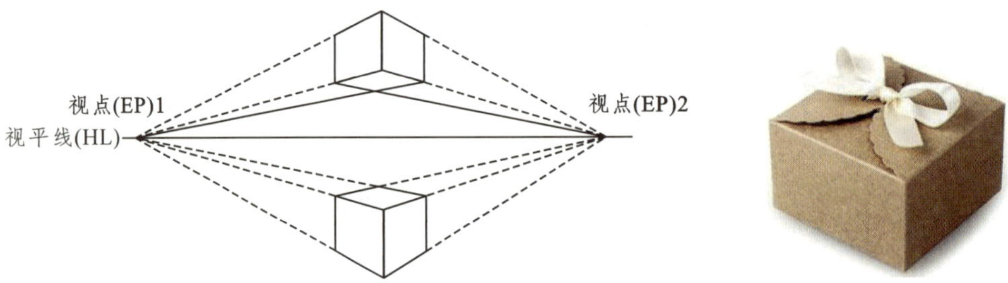

图 6-17　两点透视

（四）三点透视

三点透视又称斜角透视，是指视线与物体构成角度关系。例如，仰角透视、鸟瞰透视等，都属于三点透视。

三、光影关系

（一）五大调子

五大调子是指高光、中间调、明暗交界线、反光、投影，是一切物体在一定光线下明暗变化的基本格局（如图 6-18 所示）。调子是指画面不同明度的黑白层次，是体面所反映光的数量，也就是面的深浅程度。对调子的层次要善于归纳和概括，不同的素描调子体现不同的个性、风格和观念。

（二）三大面

三大面是指具有一定形体结构、一定材质的物体受光的影响后所产生的大的明暗区域（亮面、灰面、暗面）（如图 6-19 所示）。

（1）亮面：受光线照射较充分的一面称为亮面。

（2）暗面：背光的一面称为暗面。

（3）灰面：介于亮面与暗面之间的部分称为灰面。

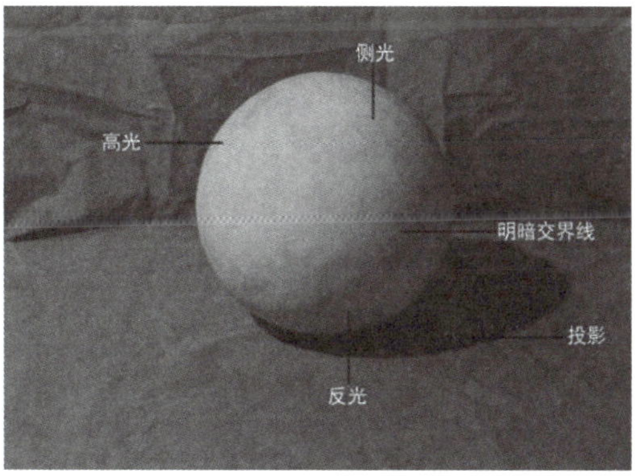

图 6-18　球体——五大调子

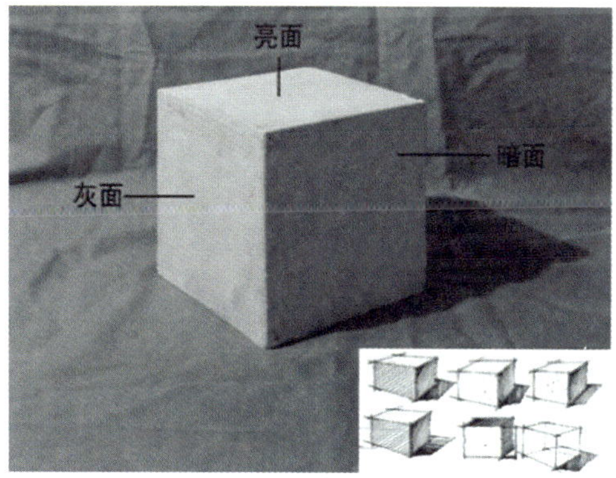

图 6-19　正方体——三大面

四、空间体块表现

体块构成法也称为体块组合法或体块加减法。首先需要以一个基本体块为主要原型，然后对这个基本体块进行加减或组合，形成新的结构。体块构成的方式多种多样，常常会有意想不到的结果。在体块表现过程中，要注意透视关系、局部与整体的关系，并注意空间感和层次感，要让包装结构和谐、统一（如图 6-20 所示）。

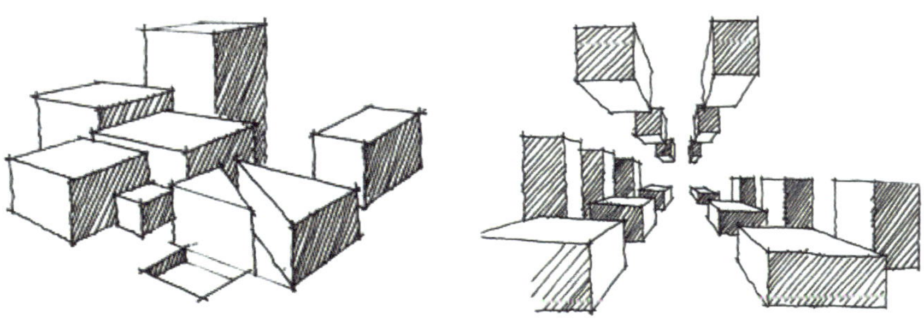

图 6-20　体块

空间体块练习可以培养学生对空间的初步认识，为后续专业课培养良好的体块意识打下基础（如图 6-21、图 6-22 所示）。

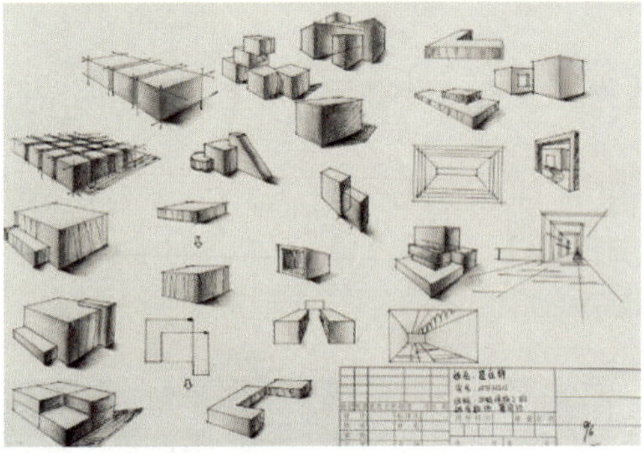

图 6-21　体块练习
（作者：唐佳静　指导：康国珍）

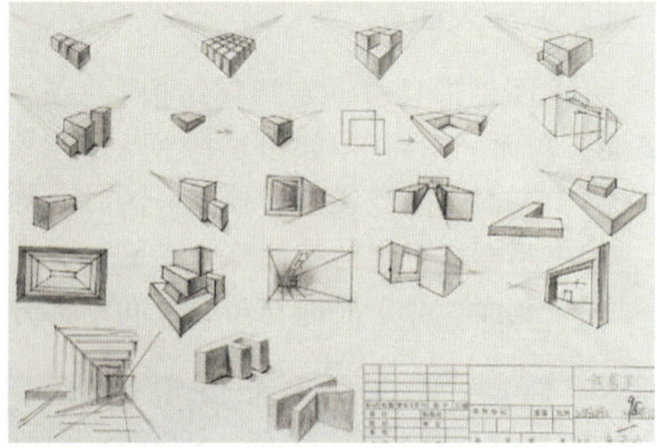

图 6-22　体块练习
（作者：陈盛莲　指导：康国珍）

五、质感表现

（一）木　质

木头材质都有纹理。在上色木头材质的玻璃时，需先用浅色再用深色，然后用彩铅画木纹，注意木纹是有条理的。最后再用浅色铺，使木纹与颜色融为一体。在画完每种材质后，记得要用高光笔修饰，画出高光部分（如图 6-23 所示）。

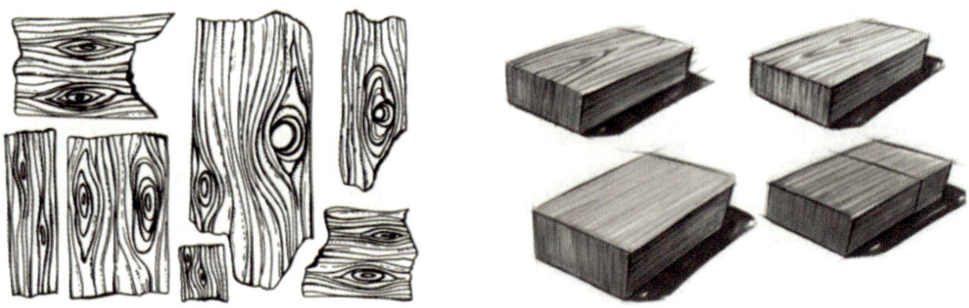

图 6-23　木质材质

（二）玻　璃

先用黑色彩铅起稿，画完后用勾线笔描边。玻璃是透明的，必须要把一些看不到的东西透出来，可以用马克笔表现透明材质。

（三）塑　料

塑料给人的感觉较温和，反光比金属弱，高光强烈。如果仔细观察塑料杯子，就会发现它的中间由于反光，颜色比两边颜色浅，因此我们画的时候要注意。另外，塑料高光强烈，需用高光笔。

（四）金　属

金属材质对比很强，有反射。金属材质的玻璃杯中间先用 Touch120 竖直画一道明暗分界线，之后用 WG4、WG2 过渡，最后在左边用浅蓝色马克笔表现反射。

六、农产品包装手绘三视图作品赏析

如图 6-24、图 6-25、图 6-26、图 6-27 所示。

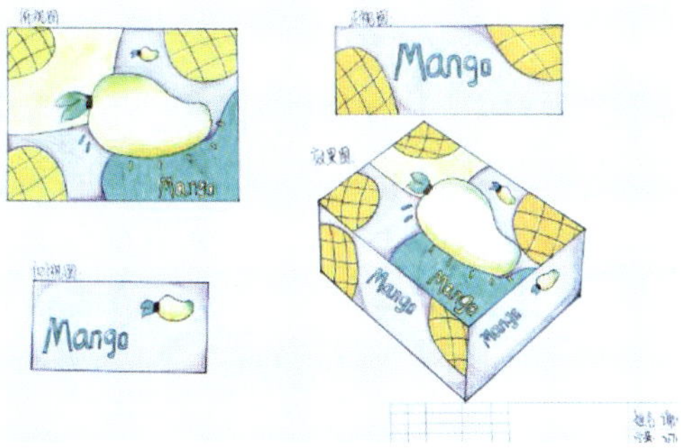

图 6-24　作者：谢春梅（指导：康国珍）

图 6-25　作者：李良菊（指导：康国珍）

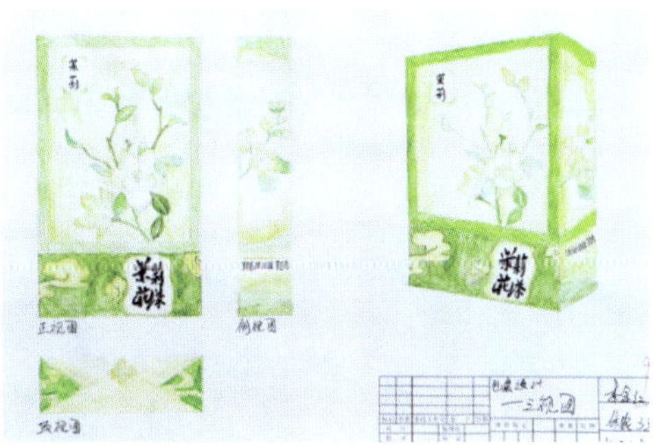

图 6-26　作者：李金红（指导：康国珍）

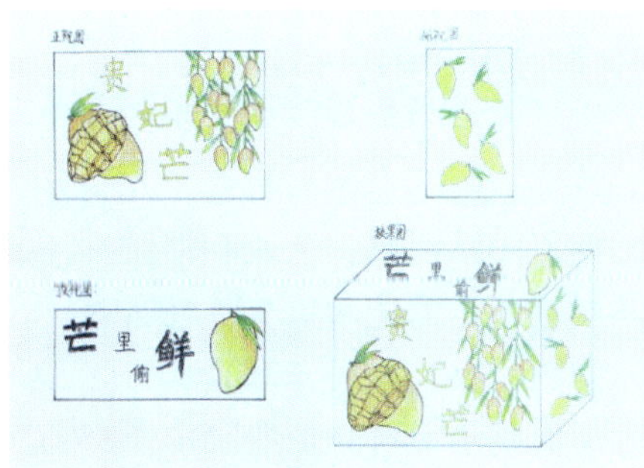

图 6-27　作者：曾濛静（指导：康国珍）

【任务训练】

1. 训练目的

学习产品设计基础表达，掌握三视图、透视、光影、体块、质感等知识。

2. 教学方法

（1）学生课前预习，并准备课堂动手实践所需材料和工具。

（2）列举中外著名的包装产品设计案例，练习产品设计基础表达。

（3）选出部分优秀作品展示学习。

（4）学生互评作品。

3. 训练内容

完成三视图、透视、光影、体块、质感的训练。

4. 训练要求

（1）用产品设计基础知识进行设计表达。

（2）自选多种材料。

（3）单色或多色彩不限。

（4）训练符合主题。

5. 评分标准

（1）三视图表现评分标准。

① 比例尺度关系（10%）；

② 构图完整、空间布局合理（30%）；

③ 色彩关系明确，整体效果和谐统一，突出主题（45%）；

④ 具有一定的艺术审美（10%）；

⑤ 画面整洁，符合作业要求（5%）。

项目六任务 1　农产品包装手绘三视图作品赏析

（2）体块表现评分标准。

① 线条笔法手法熟练（15%）；

② 尺度大小适度（10%）；

③ 透视准确（30%）；

④ 色彩搭配合理，马克笔、彩铅用笔技法技巧表现成熟（30%）；

⑤ 画面整洁，符合作业要求（15%）。

（3）质感表现评分标准。

① 熟练掌握包装材质质感表现技法（35%）；

② 熟练运用马克笔与彩铅（20%）；

③ 色彩关系明确，色调和谐统一（20%）；

④ 具有一定的艺术审美（10%）；

⑤ 构图完整，布局合理（10%）；

⑥ 画面整洁，符合作业要求（5%）。

任务 2　产品包装设计与表达

产品包装作为产品的外衣，不仅可以保护产品，还可以向消费者传递重要的产品信息，表达产品所蕴含的文化内涵。当前，大众对产品品质和产品包装都提出了越来越高的要求，传统的农产品包装设计已不能满足大众新的需求。农产品包装设计既要做好包装的结构设计，还要充分考虑印刷工艺、包装材料、外观设计等因素，不能只考虑基本的实用、审美和销售功能，还要赋予一定的文化内涵和环境保护意识。在进行产品包装设计前期，要充分开展市场调研，深入了解消费者对产品文化内涵的需求。设计时要以文化创意理念为核心，把文化创意渗透于设计和生产过程之中，运用新的材料、新的技术和新的设计将产品所蕴含的文化通过包装进行全面诠释，将文化创意巧妙地与包装融为一体，提升产品的附加值，烘托品牌的文化气息，让消费者能获得精神层面的附加值。

一、产品包装设计的原则

产品包装设计是连接产品与消费者之间的桥梁，是展现品牌形象、执行市场策略以及增强消费者体验的重要载体。一个成功的产品包装设计需要遵循以下原则。

（一）符合法规要求

必须严格遵守国家的法律法规要求，包括但不限于产品标识、包装材料安全、环保标准等。设计时，应了解并关注相关法律法规的最新动态，确保包装设计中的信息标志符合法定要求，选用符合安全标准的包装材料，并通过合规性测试和认证，确保包装设计的合法性和合规性。

（二）保护产品安全

包装需要有足够的物理强度和稳定性，以抵御运输、储存过程中可能遇到的各种外力冲击和环境变化，确保产品在到达消费者手中时依然完好无损。在选材方面，可以选用合适的包装材料，如防潮、防震、抗压性能良好的材料；在结构方面，设计合理的结构形式，如保护角、气垫包装等，以增强包装的保护性能。

（三）清晰地传达信息

产品包装作为直接展示产品的窗口，设计要直观易懂，要能清晰、快速地传达产品的基本信息，包括品牌名称、产品名称、规格、成分、生产日期、保质期、使用说明等，以便消费者快速了解并作出购买决策。设计时，应采用易于阅读的字体、合理的排版布局，以及醒目的标识符号，确保信息内容的准确性、完整性和易读性。同时，要遵循国际通用的信息标识规范，提升产品的国际化形象。例如，包装使用镂空模切开窗，露出内部的产品，让消费者在购买产品时可以看见里面的产品。

（四）吸引目标客户

包装是品牌形象的重要载体，设计要具有高度的品牌辨识度，以吸引消费者的注意，且具有较强的视觉吸引力，帮助消费者在众多产品中能被迅速识别，激发其购买欲望。设计时，要深入了解目标消费群体的喜好、审美趋势及购买习惯，充分挖掘品牌的核心元素，将品牌标识、色彩、字体等视觉元素统一应用于包装设计中，通过色彩、图案、形状等元素设计出独特的造型和故事性内容等，增强品牌记忆点，创造出与目标消费群体产生共鸣的视觉效果。同时，还要尽可能保持与品牌目标市场文化相契合的设计风格及其连续性和稳定性，保持品牌形象在各种传播渠道上的一致性，增强品牌认知度。

（五）便于储存运输

应考虑到储存、运输的便捷性，以减少仓储成本、提高运输效率。设计时，可以采用标准化、模块化的包装设计，优化包装尺寸和重量，以便于产品的堆叠、搬运、储存、运输，同时还要易于开启和关闭，方便消费者使用和后续再次储存。

（六）环保可持续性

设计应坚持可持续性发展理念，要符合现代消费者的观念，在包装材料的选择、生产过程以及废弃后的处理等环节都需要进行充分研究。设计时，可以选用可回收、可降解或生物基材料，减少包装材料的用量和体积，优化生产工艺流程，降低能耗和排放，提供回收渠道或引导消费者进行垃圾分类等，实现可持续发展。

总之，产品包装设计遵循以上原则，有利于树立品牌形象，提高产品附加值和市场竞争力。

二、包装设计方法

（一）单色线条

单色线条可能是近几年最火的包装设计之一。以单色为主要形式的包装更能够体现出产品的独特性。用少量的色块绘制出单色插画，再结合适当的文字排版，很符合当下流行的极简风格。并且，单色印刷能够节约一定的成本，减少印刷色差等。

（二）有线平涂

有线条的平涂插画设计是最常见的插画类型。有线条的平涂形式可以更好地表现出设计包装的细节。线条勾勒出的形态，可以更好地表现细节，并且能很好地交代插画的具体内容。颜色与文字是辅助元素。这种方法特别考验设计师的画功，可以让包装设计延展插画的叙述性，让包装内的产品锦上添花。

（三）无线平涂

无线平涂的插画方式在包装设计中运用得比较多，并且比较简单。无线平涂运用比较多的是色彩搭配。将简单有趣的形状结合在一起，可以让画面丰富起来。无线平涂通常运用在食品的包装上。

（四）涂鸦插画

涂鸦插画的形式符合现代年轻消费群体的视觉审美需求。涂鸦插画的风格可以产生很强烈的艺术效果，大胆地采用暖色调，以鲜明的对比为主调。艺术性、装饰性和故事性等，能让产品包装在柜台中脱颖而出，充分迎合消费者的消费心理，突出产品包装的个性特色。

（五）矢量几何

矢量几何设计将抽象的符号加上合理的色彩搭配，充分传达出产品的内涵。

（六）写实厚涂

写实厚涂的效果比传统的绘画技术更有现代科技感，也更年轻、更灵活、更符合当下年轻人的消费心理，在化妆品、装饰品、酒品等产品上应用比较多。

（七）IP 人物形象

IP 人物形象是非常火的一种设计手法，可以充分结合产品产地的地域文化、具有地方特色的图案和颜色、产品本身的特色，以及消费者的情感需求，赋予 IP 人物不同的意义，通过感性元素来增强品牌吸引力（如图 6-28、图 6-29 所示）。

图 6-28　青铜面具
（作者：曹明艳 颜婷 指导：杨铱）

图 6-29　温江大蒜
（作者：陈丽 指导：李文佳）

（八）故事场景

用带有故事场景的包装，可以增强产品的文化内涵和情感联系，会让客户产生一种渴望和好奇的感觉。如“农夫山泉”矿泉水品牌就是通过简洁明了的包装设计，运用自然元素，传达出“天然、健康”的品牌形象，成功吸引了大量消费者。如蘑菇品牌 Fridrih Mushrooms 的广告让蘑菇变成魔法师、美发师、裁缝、教师等角色，以幽默的故事形式表达“让每一顿饭都变得更加美味，让每一餐都成为一种好心情”。

农产品包装设计效果图抄绘作品如图 6-30、图 6-31、图 6-32、图 6-33 所示。

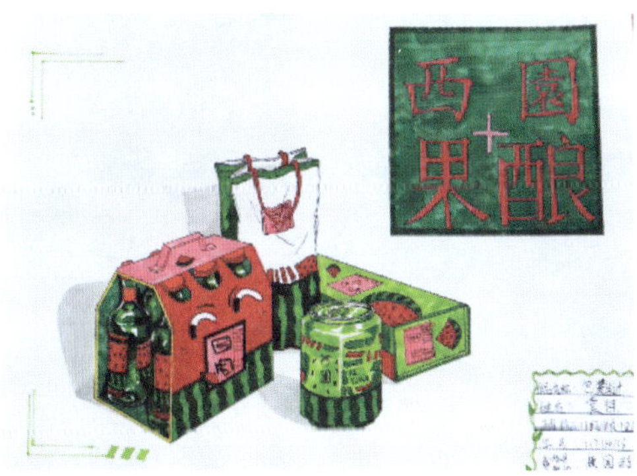

图 6-30　作者：袁徐（指导：康国珍）

图 6-31　作者：陈盛莲（指导：康国珍）

图 6-32　作者：陈帆（指导：康国珍）

图 6-33　作者：高莲鸥（指导：康国珍）

三、农产品包装设计与表达案例

（一）瓜果类产品包装设计

水城县猕猴桃包装设计，通过提取猕猴、少数民族服饰、猕猴桃等元素创作了一系列卡通形象。结合水城县苗族头饰、猕猴、猕猴桃制作出卡通形象原型，头饰与服饰以苗族纹样为原型，面部以猕猴为原型，在衣服的中央有一小块切开的猕猴桃，通过卡通形象原型创造出四种不同状态的动态形象，整体具有趣味性，同时突出了地域文化（如图 6-34 所示）。

图 6-34　猕猴桃品牌卡通形象设计（草图-配色）（作者：安蓁林　指导：邱勇）

水城县猕猴桃品牌包装设计如图 6-35 所示。

图 6-35　猕猴桃品牌包装设计（作者：安藜林　指导：邱勇）

（二）蔬菜类产品包装设计

“垂直农场和商业温室”是一种节约土地的可持续农业发展模式。美国的设计机构 Gander 与布鲁克林室内农业公司 Gotham Greens 合作开发了蔬菜产品的新包装，将蔬菜叶子轮廓外形巧妙地应用到透明包装盒上面，形成一个窗口，以意想不到的形式展现蔬菜的品质和新鲜度，充分突出了 Gotham Greens 品牌战略中的两个核心：技术（清洁、精确、高质量、智能）和人性化（可接近、友好的、幽默的和透明的）。该作品荣获 2020 年度全球最大包装设计奖——Dieline Awards 一等奖（如图 6-36 所示）。

图 6-36　蔬菜包装设计

（三）粮油类产品创意包装设计

1. 三生稻大米包装设计

泰国的设计公司 Prompt Design 为三生稻（Srisangdao Rice）品牌设计了一款有机大米的包装，在 2021 年获得全球食品包装设计 The Grand Marking Award 2021 全场最佳奖。该包装使用谷壳作为包装材料，盒体通过压膜工艺冲压成型，整个材料是环保的，可回收利用，易降解。包装盒顶部中间位置是一粒凸起的水稻形状的浮雕，周围由水稻稻田、稻穗植株，以及三生稻的徽标印章等图形组成；盒子内部是一个装满米的白色袋子，上面印有产品的生产批号和其他重要数据；盒子底部有一粒镂空的大米形状，整个包装盒子上下反装后就可以用作纸巾盒。有机水稻的形、质、色等通过包装巧妙地展示出来，包装的材质、工艺、使用功能与审美等方面也得到了很好的展示，在形态上增强了识别性和差异化（如图 6-37 所示）。

图 6-37　三生稻大米包装设计

2. 意大利 PASTA 面条食品包装设计

俄罗斯设计师基塔库·康金（Nikita Konkin）将细直长的 spaghettoni、扁宽形的 fettuccine、水管状的 cavatappi 等一系列不同形状的意大利面和女性身上直发、卷发等千变万化的发型联系起来，通过镂空的包装设计，为 PASTA 品牌的意大利面设计了多款让人眼前一亮的女孩“发型”包装（如图 6-38 所示）。该包装设计兼顾了可视性、美观度以及趣味性，使得该品牌的产品在货架上更易吸睛，尤其是能更好地吸引女性购买者的眼球。该创意包装设计不仅新奇、富有个性，还为消费者带来视觉与味觉上的双重愉悦。此作品获得了 pentawards 2016 的银奖。

图 6-38　PASTA 面条包装设计

（四）农副产品包装设计

中国的辣椒酱市场竞争激烈，新礼记品牌科技有限公司希望“农夫望天品牌辣椒酱”产品包装从外观的特色、差异，以及趣味性、便携性等方面来寻求突破。于是，深圳 BOB 设计公司根据三种不同辣度的辣椒，巧妙结合辣椒的形状和图形，为该品牌设计了三款颜色不同的包装。包装整体外形采用了辣椒本身的形状，瓶盖顶部弯曲，通过红色、绿色和黄色的辣椒颜色和成分来表示不同的辣度。这种直观的图形表达给购买商品的消费者带来一种如同走进蔬菜园，亲自采摘真正的辣椒一样的全新体验，生动而有趣。该包装易于携带且使用便捷，还采用了环保材料，软管及盖子全部使用玉米淀粉材料制作，在自然堆肥情况下 6 个月就可以完全降解（如图 6-39 所示）。

图 6-39 “农夫望天辣椒酱”创意包装设计

【任务训练】

1. 训练目的

学习产品设计与表达，了解包装设计的不同表达方法，掌握 2～3 种包装设计表达形式。

2. 教学方法

（1）学生课前预习，并准备课堂动手实践所需材料和工具。

（2）列举中外著名的包装产品设计案例，练习完成农产品包装设计。

（3）选出部分有代表性的作品，让作者介绍自己作品的创意亮点与设计思路。

（4）学生互评作品。

3. 训练内容

完成农产品包装设计。

4. 训练要求

（1）用产品包装设计方法进行设计表达。

（2）多种材料自选。

（3）单色或多色彩不限。

（4）训练符合主题。

5. 评分标准

（1）包装线稿绘制（15%）。

（2）包装材质质感表现（30%）。
（3）熟练运用马克笔与彩铅（10%）。
（4）色彩关系明确，整体效果和谐统一（20%）。
（5）具有一定的艺术审美（10%）。
（6）构图完整、空间布局合理（10%）。
（7）画面整洁，符合作业要求（5%）。

【命题创作】

创意产品包装设计

通过对农产品包装进行创意设计，将产品的核心价值与品牌形象完美结合，提高产品的附加值和市场竞争力，满足新时代人群的消费需求。这种“农业+文化+创意+科技”的产品推广模式，可以为农业产业提质增效，促进乡村振兴。

1. 作业内容

选择本地乡村的一种农产品或者当地特有的地域文化，进行包装设计。

2. 作业要求

（1）设计尺寸：A3。
（2）所选商品为特色农产品或者地域文化。
（3）图形设计需融入特色乡村文化。

3. 评分标准

（1）构图完整、合理、和谐（20%）。
（2）排版层次清晰、合理，符合视觉规律（30%）。
（3）遵循艺术性与装饰性、趣味性与独创性（50%）。

项目六任务2　农产品包装设计效果图抄绘作品赏析

参考文献

[1] 罗凯. 农业美学初探[M]. 北京：中国轻工业出版社，2007.

[2] 伊延波，张建设，刘杨. 广告创意与设计[M]. 北京：清华大学出版社，2010.

[3] 北京大学旅游研究与规划中心. 旅游规划与设计：创意农业[M]. 北京：中国建筑工业出版社，2013.

[4] 王瑷玲. 创意农业[M]. 北京：中国农业出版社，2013.

[5] 陈国胜. 创意农业的道与术[M]. 北京：中国农业科学技术出版社，2016.

[6] 北京市农村工作委员会. 北京休闲农业与乡村旅游创意设计导则 体验活动[M]. 北京：中国农业出版社，2018.

[7] 康国珍. 园林美术[M]. 北京：机械工业出版社，2019.

[8] 施少婷，陈曦，侯婷. 创意构成设计[M]. 2 版. 北京：北京理工大学出版社，2022.

[9] 张振鹏. “文化创意 + ” 农业融合发展[M]. 北京：知识产权出版社，2019.

[10] 梁普兴，李湘妮. 新时代创意农业实践与模式探索[M]. 广州：广东科技出版社，2019.

[11] 刘秀伟. 开启创意设计之门[M]. 北京：化学工业出版社，2022.

[12] 赵庆华. 图形创意设计手册[M]. 2 版. 北京：清华大学出版社，2023.